Arbeitsmethoden der modernen Naturwissenschaften

Absolutkolorimetrie

Von

Dr. A. THIEL

o. ö. Professor der physikalischen Chemie
Direktor des Physikalisch-chemischen Instituts
der Universität Marburg

Mit 14 Abbildungen im Text

Berlin 1939

WALTER DE GRUYTER & CO.

vormals G. J. Göschen'sche Verlagshandlung / J. Guttentag, Verlagsbuchhandlung / Georg Reimer / Karl J. Trübner / Veit & Comp.

vormals G. J. Göschen'sche Verlagshandlung — J. Guttentag, Verlagsbuchhandlung — Georg Reimer — Karl J. Trübner — Veit & Comp.
Berlin W 35, Woyrschstraße 13

Archiv-Nr. 525939 Printed in Germany
Druck von Metzger & Wittig in Leipzig

Meinem besten Kameraden:

meiner treuen Lebensgefährtin

VORWORT

Im Schrifttum der letzten Jahre kommt in steigendem Maße das Bestreben zum Ausdruck, für die Zwecke analytischer Bestimmungen kolorimetrische Methoden zu verwenden, insbesondere als Mittel zur Steigerung der Empfindlichkeit eines Nachweises, zur Abkürzung der für eine Bestimmung erforderlichen Zeit und zur Erhöhung der Bequemlichkeit des Verfahrens. Der Verwendung kolorimetrischer Methoden in der quantitativen Analyse stand früher der Umstand hinderlich im Wege, daß die Genauigkeit solcher Methoden in der Regel nur bescheiden war: Fehler von 10% und mehr galten als keineswegs ungewöhnlich. Daher betrachtete man (mit Recht) kolorimetrische Methoden als etwas rohe Verfahren, die den berechtigten Ansprüchen der quantitativen Analyse in bezug auf Genauigkeit nicht genügen konnten. Auch in apparativer Hinsicht wiesen die kolorimetrischen Verfahren früher noch mancherlei Mängel auf, die zu einer umfassenden Verwendung nicht ermutigten.

In diesen Dingen hat sich im Verlauf etwa des letzten Jahrzehnts ein bemerkenswerter Wandel vollzogen. An optischen Hilfsmitteln zur Bestimmung von Farbstoffkonzentrationen (d. h. zur Lösung der Aufgaben der Kolorimetrie) stehen jetzt neben den älteren Apparaten und Verfahren der Spektrographie und vor allem der Spektralphotometrie, die für den allgemeinen Laboratoriumsgebrauch viel zu teuer und viel zu empfindlich gegen die „Unbilden der technischen Atmosphäre“ sind, ausgesprochene Laboratoriumsapparate zur Verfügung, die auf photometrischer Grundlage, unter Verwendung monochromatischen Lichtes, der absoluten Farbmessung dienen und daher auf die Benutzung der zur Ausführung der „klassischen“ Kolorimetrie notwendigen „Vergleichslösung“ nicht mehr angewiesen sind. Die Umständlichkeiten, die mit der Bereithaltung oder Neuherstellung von Vergleichslösungen (oft sehr labiler Natur) verbunden sind, haben der Verwendung der „absolut messenden“ Apparate das Feld geebnet, ganz abgesehen davon, daß sich in manchen Fällen (Harnfarbmessung und Ähnliches) überhaupt keine Vergleichslösungen herstellen lassen. Dieser Fortschritt in erster Linie kennzeichnet die absoluten Meßverfahren, während der Übergang vom weißen zum monochromatischen Licht, auf dem die Erhöhung der Meßgenauigkeit bis auf den von der quantitativen Analyse geforderten Betrag beruht, auch auf die klassische Kolorimetrie anwendbar ist (Prinzip der Spektralkolorimetrie).

Der Wunsch, diesen Vorzug der photometrischen Verfahren auch für die Kolorimetrie nutzbar zu machen und diese damit von der „klassischen" zur „absoluten" Kolorimetrie fortzuentwickeln, die dem Analytiker (beliebiger Richtung) die Weiterbenutzung eines wohlvertrauten Apparates ohne Herabsetzung der Ansprüche an die Genauigkeit quantitativer Methoden gestattet, hat zu den Arbeiten geführt, die vor einem Jahrzehnt im Marburger Physikalisch-chemischen Institut begonnen wurden. Nach allerhand Vorversuchen mit bekannten Beispielen von „grauen" Lösungen, deren Lichtdurchlässigkeit sich ebenso stetig verändern läßt wie ihre Schichtdicke, Versuchen, die an der ungenügenden „Grauheit" und ungenügenden Definiertheit und Stabilität der benutzten Lösungen scheiterten, ist es dann auf Grund der in den vorangegangenen Jahren gesammelten Erfahrungen mit einem umfangreichen Farbstoffmaterial, insbesondere solchem von Indikatorcharakter, gelungen, homogene Lösungen von Farbstoffgemischen herzustellen, die einen im praktisch benutzten Spektralgebiete nahezu ideal grauen Charakter besaßen (R. Diehl, 1931). Unzureichend war aber noch die Haltbarkeit solcher Gemische, was zunächst zu praktischen Schwierigkeiten Anlaß gab. Nachdem dann auch diese Mängel beseitigt und Präparate hergestellt worden waren, die in jahrelanger Prüfung ihre Brauchbarkeit erwiesen haben, durfte das Problem der Umgestaltung der klassischen Kolorimetrie zur absoluten Farbmessung mit rein kolorimetrischen Hilfsmitteln als gelöst gelten. Für das nunmehr festgelegte Verfahren der absoluten Farbmessung im Kolorimeter unter Benutzung monochromatisierten Lichtes und einer Graulösung von bestimmtem Extinktionsmodul als Lichtschwächungsmittel (oder als universelle Vergleichslösung) habe ich (1932) den Begriff „Absolutkolorimetrie" geprägt.

Noch während der Niederschrift des Manuskripts ist die Absolutkolorimetrie in apparativer Hinsicht in eine neue Phase der Entwicklung eingetreten. Diese ist gekennzeichnet durch die Konstruktion einer neuartigen Graukeileinrichtung, die dazu bestimmt ist, als Lichtschwächungsmittel an die Stelle der Graulösung zu treten. Sie bietet, wie diese, den Vorteil, sich (ohne Konstruktionsänderung) in Verbindung mit jedem vorhandenen Leitz-Kolorimeter verwenden zu lassen, auch mit solchen also, die bisher für die Absolutkolorimetrie mit Hilfe der Graulösung bestimmt waren. Darüber hinaus besitzt sie eine Reihe von Vorzügen, die den durch sie erzielten Fortschritt gegenüber der bisher benutzten Graulösung kennzeichnen. Hierüber ist im Text Näheres nachzulesen. Das Absolutkolorimeter mit Graukeileinrichtung ist also dazu bestimmt, an die Stelle des Absolutkolorimeters mit Graulösung zu treten, ohne daß dadurch irgendwelche Änderungen des Meßverfahrens nötig werden. Man kann daher die in diesem Buche angegebenen Methoden ohne Abänderung mit der einen wie mit der anderen Ausführungsform des Absolutkolorimeters durchführen.

In der Form des „Verfahrens der abgestimmten Schichthöhe" bietet die Absolutkolorimetrie ein Höchstmaß von Einfachheit und Bequemlichkeit für den praktischen Gebrauch: keine Umrechnung (außer gelegentlicher Multiplikation oder Division mit kleinen ganzen Zahlen), keine Verwendung von Tabellen oder Kurven (außer in besonderen Ausnahmefällen, in denen das Beersche Gesetz nicht gilt), sondern unmittelbare Ablesung des gesuchten Ergebnisses an der Skala für die Graulösungsschichthöhen oder für die Graukeilverschiebung. Jeder, der sich einmal dieses so überaus einfachen Verfahrens bedient hat, wird von seinen Vorzügen überzeugt sein.

Um diese praktischen Vorteile allgemein zugänglich zu machen, hielt ich es für zweckmäßig, die als geeignet befundenen Methoden der Farbmessung auf das Verfahren der abgestimmten Schichthöhe umzustellen. Diesem Zwecke dient das vorliegende Buch. Es ist keine Literatursammlung, bei der fremde Meßergebnisse einfach durch Umrechnung „adaptiert" sind, sondern es bildet das Ergebnis einer sorgfältigen, kritischen Sichtung des bekannten Materials auf Grund der in den letzten Jahren in meinem Institut durchgeführten Nachprüfung der im Schrifttum beschriebenen Verfahren. Hierbei sind mannigfache Abänderungen vorgenommen, in manchen Fällen auch grundsätzlich neue Verfahren ausgearbeitet worden.

Viel Material mußte als unsicher oder unzuverlässig ausgeschieden werden. Es ist möglich, daß in naher Zukunft manche bislang als ungeeignet beurteilte Methode in verbesserter Form aufersteht.

In der Buchliteratur findet man vielfach den unverändert übernommenen Wortlaut der Originalarbeiten; es besteht also eine weitgehende Standardisierung der „Rezepte". Diesem Brauche habe ich mich nicht überall verschließen können, namentlich da nicht, wo es sich etwa um die Anwendung einer Methode auf klinisch wichtige Bestimmungen handelt, bei denen die Angaben über die optimalen Bedingungen aus der praktischen Erfahrung der Interessenten heraus entwickelt sind.

Alle Verfahren sind grundsätzlich nachgeprüft worden; nur bei den Anwendungen auf klinisches Material, das nicht durchweg zur Verfügung stand, mußte ich mich vielfach auf die Richtigkeit der Vorschriften aus der Literatur für den Einzelfall verlassen.

In manchen Fällen bestehen noch gewisse Diskrepanzen, die zwar der praktischen Anwendung keinen Abbruch tun, aber doch zu einer näheren Untersuchung anregen, die bisher noch nicht durchgeführt werden konnte. Hier ist (wie auch in der allgemeinen Methodik) noch viel Arbeit der Zukunft vorbehalten. Ich hege keinen Zweifel daran, daß in absehbarer Zeit für jeden wichtigen Stoff der Praxis eine gute absolutkolorimetrische Methode zur Verfügung stehen wird, die auch zur Vereinfachung von Trennungen dienen kann.

Im Hinblick darauf, daß sich die Absolutkolorimetrie, was die Vermehrung der brauchbaren Methoden betrifft, noch in voller Entwicklung befindet, ist am Schluß des Buches (S. 204f.) eine Anzahl leerer Seiten beigegeben worden, die reichlich Platz zur Eintragung von Nachträgen und Ergänzungen des Stoffes bieten.

Zur Erleichterung etwa erforderlicher Rechnungen dient eine vierstellige Logarithmentafel (nebst Antilogarithmen), die in einer Deckeltasche Aufnahme gefunden hat.

Der gesamte Stoff bildet zwei Hauptgruppen, von denen die eine die Verfahren mehr allgemein-chemischen Interesses, besonders solche, die für die Metallanalyse Bedeutung besitzen, die andere diejenigen Verfahren umfaßt, die für den Biologen und Mediziner von Wichtigkeit sind. Man könnte im Zweifel sein, ob es nicht zweckmäßiger wäre, jede Gruppe für sich in getrennten Monographien zu behandeln. Gegen eine solche Trennung spricht aber der Umstand, daß man dann den allgemeinen Teil, der die Seiten 1 bis 46 beansprucht, zweimal abdrucken müßte, weil er für beide Teile unentbehrlich ist. Noch entscheidender aber ist die sachliche Verflechtung der beiden Gruppen von Verfahren, bei denen vielfach Verweisungen auf die andere Gruppe nötig sind. Es ist daher anzunehmen, daß manche biologisch-medizinischen Verfahren auch für den Chemiker allgemeiner Arbeitsrichtung gelegentlich von Interesse und Nutzen sein werden — und umgekehrt. Ich habe mich daher entschlossen, von einer Teilung abzusehen, und hoffe, daß die Analytiker beider Richtungen damit einverstanden sind und die Beigabe der anderen Gruppe von Verfahren nicht als überflüssige Belastung empfinden.

Für ihre unermüdliche, wertvolle Hilfe bei der Bearbeitung des Gegenstandes habe ich meinen Mitarbeitern, den Herren Dr. R. Diehl, H. Gold, H. Heinrich und E. van Hengel, sowie Fräulein Chr. Schulte, herzlich zu danken.

Die Arbeit an der Entwicklung der Absolutkolorimetrie wäre nicht möglich gewesen, ohne die fördernde Hilfe, die mir von verschiedenen Seiten zuteil geworden ist.

Mein aufrichtiger Dank dafür richtet sich in erster Linie an die Deutsche Forschungsgemeinschaft (Notgemeinschaft der Deutschen Wissenschaft) und an den Universitätsbund Marburg. An beiden Stellen habe ich volles Verständnis für die Bedeutung dieser Arbeiten sowohl für die analytische Praxis als auch für die forschende reine Wissenschaft gefunden.

Undurchführbar wäre auch die Entwicklung der Apparate bis zum jetzigen Stande und ihre eingehende Erprobung ohne die Unterstützung der Optischen Werke Ernst Leitz in Wetzlar gewesen. Ihrer reichen technischen Erfahrung und der Fülle der Anregungen, die sich aus einer engen Fühlung mit einem so vielseitigen Betriebe ergeben, ist zum guten Teile die erfolgreiche

Bearbeitung der technischen Seite des Problems zu verdanken. Für die Förderung in jeder Richtung, die meine Arbeiten in Wetzlar gefunden haben, danke ich der Firma Leitz herzlichst.

Das vorliegende Buch soll in seiner gegenwärtigen Gestalt kein Abschluß, sondern ein Anfang sein. Ich bitte daher die interessierten Fachgenossen, mich in meiner Bemühung um Schaffung eines wirklich nützlichen und zuverlässigen Hilfsmittels der wissenschaftlichen und technischen Arbeit dadurch zu unterstützen, daß sie mir Unrichtigkeiten oder Unklarheiten mitteilen und mir Vorschläge für eine Verbesserung oder Erweiterung des Inhaltes zuleiten. Auch für Hinweise auf neue Beobachtungen, aus denen sich vielleicht weitere Meßmethoden entwickeln lassen, bin ich dankbar.

Auskunft über technische Fragen auf dem Gebiete der Absolutkolorimetrie und über die dafür bestimmten Apparate erteilen die Optischen Werke Ernst Leitz in Wetzlar. Letzten Endes bin auch ich selbst zu Auskünften in besonderen Fällen bereit.

Marburg (Lahn), Weißenburgstraße 36, Ostern 1939.

A. Thiel

INHALT

ERSTER TEIL

ABSOLUTKOLORIMETRIE UND ABSOLUTKOLORIMETER

A. Die Methode (Theorie und Durchführung)

1. Die Entwicklung der gewöhnlichen Kolorimetrie zur Absolutkolorimetrie

Kolorimetrie ist ein Verfahren quantitativer Bestimmung eines Stoffes mit Hilfe seiner Farbstoffeigenschaften.

Die gewöhnliche Kolorimetrie, die sich des Tageslichtes oder irgendeiner künstlichen Quelle weißen Lichtes bedient, löst ihre Aufgabe in der Weise, daß eine Versuchslösung unbekannten und eine Vergleichslösung bekannten Gehaltes an dem zu bestimmenden färbenden Stoffe für das Auge auf gleiche „Farbstärke" gebracht werden, d. h. auf gleiche Farbsättigung des durch jede der beiden Flüssigkeiten hindurchgeschickten, in ihnen durch auswählende (selektive) Absorption bestimmter Spektralgebiete für das Auge „farbig" gewordenen Lichtes. Wenn nämlich zwei Bündel weißen Lichtes, die in unserem Auge den gleichen Helligkeitseindruck hervorrufen, durch Absorption einen gleichen Betrag von Licht bestimmter Wellenlängen verlieren, erscheinen sie unserem Auge gleich farbig, oder die wahrgenommene Farbe hat für das Auge gleiche Stärke, richtiger: gleiche Sättigung. Der wahrgenommene Lichteindruck entspricht nämlich dem einer Mischung von weißem Licht mit einer reinen (gesättigten) Spektralfarbe, deren Art der durch die auswählende Absorption entstehenden Farbe angepaßt ist.

Bei farbigen Stoffen, die dem Gesetze von Beer (siehe weiter unten) gehorchen, wird der Zustand der Gleichfarbigkeit zweier Lösungen verschiedener Konzentration (in einem farblosen Lösungsmittel) dann erreicht, wenn sich die Konzentrationen (c_1 und c_2) umgekehrt verhalten wie die Dicken (d_1 und d_2) der vom Lichte durchstrahlten Schichten, d. h. wenn die Beziehung gilt:

$$c_1 : c_2 = d_2 : d_1 \quad \text{oder} \quad c_1 \,.\, d_1 = c_2 \,.\, d_2 \,.$$

Erscheint also die Versuchslösung von der unbekannten Konzentration c_2 in einer Schichtdicke von d_2 gleichfarbig mit einer Vergleichslösung von der bekannten Konzentration c_1, wenn diese eine Schichtdicke von d_1 besitzt, so ergibt sich die unbekannte Konzentration c_2 zu

$$c_2 = \frac{c_1 \cdot d_1}{d_2} .$$

Man braucht mithin zur Durchführung des kolorimetrischen Verfahrens eine Vergleichslösung mit bekanntem Gehalte an der zu bestimmenden farbigen Substanz und eine Vorrichtung, um bei beliebig einstellbaren und genau meßbaren Schichthöhen das einerseits durch die Versuchslösung und anderseits durch die Vergleichslösung hindurchgegangene Licht auf gleiche Farbsättigung zu bringen, indem man — bei festgehaltener Schichthöhe auf der einen Seite — die Schichthöhe auf der anderen Seite so lange verändert, bis das Auge beiderseits den gleichen Farbeindruck erhält.

Eine Abart des Verfahrens ist die Mischfarbenkolorimetrie. Sie beruht darauf, daß man nicht in weißem Lichte betrachtet, sondern in einem durch passende Farbfilter erzeugten farbigen Lichte, das dann einerseits durch die Versuchslösung und anderseits durch die Vergleichslösung geschickt wird. Es ist dabei gleichgültig, ob man das Farbfilter zwischen Lichtquelle und Lösungen oder zwischen Lösungen und Auge bringt; letzteres ist die übliche Anordnung. Durch die auswählende Absorption in den beiden Lösungen erfährt die Farbe des benutzten Lichtes eine qualitative (Farbton-) Veränderung, und der Einstellung auf gleiche Farbsättigung bei der gewöhnlichen Kolorimetrie entspricht bei der Mischfarbenkolorimetrie die Einstellung auf einen gleichen Farbton. Im übrigen gleicht das Verfahren der Mischfarbenkolorimetrie völlig der gewöhnlichen Kolorimetrie, d. h. es erfordert ebenfalls die Verwendung einer Vergleichslösung von bekanntem Gehalte an dem zu bestimmenden farbigen Stoffe.

An Genauigkeit aber übertrifft die Mischfarbenkolorimetrie das ältere Verfahren der gewöhnlichen Kolorimetrie bedeutend: Man kann mit einer Genauigkeitssteigerung auf das Fünffache[1]) rechnen. Während man sich bei dem gewöhnlichen Verfahren mit Einstellfehlern von $\pm 9\%$ (und mehr) begnügen muß, sinkt die

[1]) A. Thiel, Berichte **68**, 1017 (1935).

Fehlergrenze bei zweckmäßig gewählten Mischfarben auf etwa $\pm$ 1,7% (im Gehalte an der zu bestimmenden Substanz). Diese Verbesserung des Ergebnisses beruht auf der Veränderung der dem Auge gestellten Aufgabe: statt einer gleichen Farbsättigung hat das Auge einen gleichen Farbton zu erkennen, eine Leistung, für die das normale Auge wesentlich geeigneter ist.

Einen weiteren methodischen Fortschritt bedeutet die Verwendung von monochromatischem Licht an Stelle von weißem Licht. Man benutzt entweder gefiltertes, durch optische Filter mit genügend schmalem Durchlaßbereiche (Spektralfilter) geschicktes weißes Licht oder das wesentlich strenger einfarbige Licht einzelner Spektrallinien (über Einzelheiten weiter unten): Spektralkolorimetrie. Beobachtet man die Absorption solchen monochromatischen Lichtes durch irgendeine Farbstofflösung, so äußert sich dieser Vorgang hier lediglich in einer Abnahme der Helligkeit des einfarbigen Lichtes, eine Erscheinung, die das normale Auge mit einer Genauigkeit wahrnimmt, die eine Herabsetzung der Einstellfehler auf 1% und weniger gestattet. Mit dieser Genauigkeit würde man also auch den unbekannten Gehalt einer Versuchslösung aus dem bekannten Gehalte einer Vergleichslösung desselben Stoffes ermitteln können. Damit aber rücken die kolorimetrischen Verfahren hinsichtlich ihrer Genauigkeit in eine Linie mit den üblichen Bestimmungsmethoden der Gewichts- und Maßanalyse. Wie man sieht, bedarf aber auch die Spektralkolorimetrie der Vergleichslösungen.

Als besonderer Vorzug des Verfahrens ist hervorzuheben, daß die Beschränkung des benutzten Lichtes auf einen bestimmten engen Spektralbereich die Messung auch in Gegenwart solcher Fremdstoffe gestattet, die zwar ebenfalls farbig sind (die gewöhnliche und die Mischfarbenkolorimetrie also stören würden), jedoch in dem benutzten Spektralbereiche nicht oder nur unwesentlich absorbieren.

Mit großem Nutzen bedient man sich der Spektralkolorimetrie für die Zwecke der optischen Bathmometrie, d. h. der Ermittlung von Säurestufen (p_{H^+}-Werten) aus dem Umschlagsgrade geeigneter Indikatoren. Man benutzt hier anstatt der Einstellung auf eine gleiche Mischfarbe — einerseits in der Versuchslösung, anderseits in einem System hintereinandergeschalteter Grenzlösungen von gleicher Indikatorkonzentration und gleicher Gesamtschichtdicke wie bei der Versuchslösung — die Einstellung auf gleiche Helligkeit des monochromatischen Lichtes[1]).

Auf dem Gebiete der eigentlichen Kolorimetrie macht man noch einen Schritt weiter: Man verzichtet ganz auf eine Vergleichslösung desselben Stoffes und geht somit von der vergleichenden (relativen) zur absoluten Farbmessung über, indem man ein universelles Lichtschwächungsmittel anwendet, um den Betrag der Absorption durch die Versuchslösung zu bestimmen. Mit Hilfe dieses Lichtschwächungsmittels wird die Helligkeit des nicht der Absorption unterworfenen Lichtes auf den gleichen Betrag verringert, der durch die Absorption in der Versuchslösung erreicht wird.

Solche Lichtschwächungsmittel sind schon früher in großem Umfange bei der Absorptionsmessung mit Hilfe der Spektralphotometrie benutzt worden. Die wichtigsten sind Graukeile, Meßblenden und Systeme aus Nicolschen Prismen. Jedes dieser Lichtschwächungsmittel machte die Konstruktion eines im äußeren Aufbau wie in der Handhabung von einem Kolorimeter deutlich verschiedenen Instrumentes nötig: Spektrodensograph, Stufenphotometer, Polarisationsphotometer. Wenn auch einige dieser Apparate für Zwecke der Kolorimetrie benutzt werden können, so ist es doch unberechtigt, diese Apparate darum auch als Kolorimeter zu bezeichnen: Photometer bleibt Photometer, und Kolorimeter bleibt Kolorimeter, auch wenn man ersteres für kolorimetrische, letzteres für photometrische Zwecke benutzen oder adaptieren kann. Der Unterschied liegt wesentlich im Aufbauprinzip, das für die Kolorimeter mit aller Deutlichkeit aus den weiter unten gebrachten Abbildungen und Darlegungen hervorgeht.

Das Kolorimeter ist nun erstmalig dadurch zu einem für absolute Farbmessungen geeigneten Instrumente gestaltet worden, daß es ein der kolorimetrischen Meßmethodik entsprechendes Lichtschwächungsmittel in Gestalt eines flüssigen Graufilters, einer Graulösung, erhalten hat. Diese Graulösung absorbiert Licht aller Wellenlängen in dem praktisch vorwiegend benutzten Spektralbereiche von 430 bis 700 mμ gleichmäßig (mit einer Genauigkeitsgrenze von etwa $\pm$ 1% an den Meßstellen). Damit ergibt sich die Möglichkeit, auf der Vergleichsseite das monochromatische Licht

[1]) A. Thiel und H. Logemann, Angew. Chem. **48**, 799 (1935).

meßbar so weit zu schwächen, daß es mit dem durch die Absorption in der Versuchslösung geschwächten Lichte gleich hell wird. Man kann also die Graulösung auch als universelle Vergleichslösung bezeichnen, die an die Stelle jeder beliebigen — sonst für jede Bestimmungsmethode besonders anzusetzenden — Vergleichslösung tritt. Die hiermit erzielte außerordentliche Vereinfachung der Versuchsmethodik liegt auf der Hand.

Die Kolorimetrie mit Hilfe von Graulösung als einem dem kolorimetrischen System am nächsten verwandten Lichtschwächungsmittel heißt Absolutkolorimetrie[1]).

Für ihre Durchführbarkeit auch in Gegenwart fremder farbiger Substanzen gilt das, was oben (S. 3) in bezug auf die Spektralkolorimetrie gesagt worden ist.

In allerjüngster Zeit ist aus Gründen, die auf S. 16 auseinandergesetzt sind, als Lichtschwächungsmittel an Stelle der Graulösung eine neuartige Graukeileinrichtung eingeführt worden, die eine Reihe von technischen Vorteilen bietet. Da aber bereits ein vollkommenes System der Absolutkolorimetrie vorlag, ist diese Grundlage auch für die Messungen mit Hilfe der Graukeileinrichtung übernommen worden, indem die Ablesungen an der Skala der Graukeileinrichtung so verwertet werden, als handele es sich um die Ablesung von Graulösungsschichthöhen. Letztere gelten mithin unter der normalerweise zutreffenden Voraussetzung einer Graulösung vom Extinktionsmodul 0,500 cm^{-1} als die eigentlichen Meßwerte, die an der Skala der Graukeileinrichtung abzulesenden Werte als äquivalente Größen. Die Überführung der letzteren in Graulösungsschichthöhen erfolgt in einfacher Weise, wie weiter unten (S. 19 und 37) mitgeteilt wird.

Die Einheiten der Graulösungsschichthöhe (Millimeter oder Zentimeter) gelten auch weiterhin als Einheiten der Extinktionsmessung (etwa in Analogie zu Millimeter oder Zentimeter Quecksilbersäule als Einheiten für die Druckmessung).

Für den (normalen) Fall, daß der zu bestimmende farbige Stoff dem Gesetze von Beer gehorcht, ergeben sich bei der Anwendung der Absolutkolorimetrie besonders große methodische Vereinfachungen, zu deren Verständnis aber eine Erörterung der Gesetze der Lichtabsorption erforderlich ist. Diese sollen daher zunächst besprochen werden.

[1]) A. Thiel und R. Diehl, Marb. Sitzungsber. **67**, 11 (1932).

2. Absorption und Extinktion

Von dem Lichte, das in irgendein homogenes, optisch klares Medium eintritt, wird allgemein ein Bruchteil in dem Medium zurückgehalten, und zwar durch Umwandlung der strahlenden Energie in stoffgebundene Energie (Körperwärme, Molekelanregung, Photolyse): Absorption. Dieser Bruchteil ist von Medium zu Medium verschieden, nimmt mit der Länge des Lichtweges in dem Medium zu und hängt meist auch von der Wellenlänge des Lichtes ab. Medien, die das Licht in dem sichtbaren Bereiche von etwa 400 bis etwa 800 mμ gleichmäßig absorbieren, verändern mithin den Charakter weißen Lichtes (kontinuierlicher Strahlung) nicht und erscheinen dem Auge farblos durchsichtig, wenn sie wenig oder gar praktisch unmerklich absorbieren, dagegen grau (in verschiedenen Nuancen) oder sogar schwarz, wenn sie stärker absorbieren.

Farbige Medien verdanken diese ihre Eigenschaft dem Umstande, daß sie Licht gewisser Wellenlängenbereiche bevorzugt (selektiv) absorbieren. Dadurch verliert das durchgehende weiße Licht seine normale Zusammensetzung (die eben den Eindruck „Weiß" im Auge hervorruft) und erscheint uns in der Komplementärfarbe zu der bevorzugt absorbierten Strahlung farbig. Die Farbe ist für unser Auge um so intensiver (gesättigter), je vollständiger die Absorption der bevorzugt zurückgehaltenen Strahlung ist. Die Sättigung einer durch Absorption entstehenden Farbe erreicht aber niemals das Maß der entsprechenden monochromatischen Emissionsstrahlung (etwa einer Spektrallinie).

Wird farbiges Licht durch ein Medium mit anderen Absorptionseigenschaften geschickt, als sie das Medium besitzt, dessen Wirkung (Filterwirkung) die Farbigkeit des benutzten Lichtes hervorrief, so erfährt die Farbe eine Änderung ihres Tones und ihrer Sättigung (Mischfarbenverfahren). Diese Erscheinung spielt bei dem durch Lichtfilter farbig gemachten weißen Licht (das ja niemals streng monochromatisch ist) gelegentlich eine störende Rolle.

Wird ein Medium von (streng) monochromatischer Strahlung durchsetzt, so äußert sich das Absorptionsvermögen natürlich nicht in einer Veränderung der Farbe oder der Farbsättigung, sondern nur in einer Abnahme der Helligkeit. Diese wird zu einem eindeutigen Maße der Absorption und gestattet auf Grund des Zusammenhanges zwischen Absorption und Konzentration eines farbigen Stoffes eine analytische Auswertung. Diese gründet sich auf das Lambert-Beersche Gesetz.

Tritt in ein homogenes Medium ein Lichtstrom von der Stärke Φ_i ein (hierbei wird ein Teil des auf die Mediumgrenze auffallenden Lichtstroms (Φ) durch Reflexion am Eintritte gehindert) und legt er in dem Medium eine endliche Strecke zurück, so wird die Stärke des Lichtstromes am Ende dieser Strecke, etwa an der hinteren Grenze des Mediums, auf einen kleineren Betrag (Φ_e) gesunken sein: $\Phi_e < \Phi_i$. Beim Verlassen des Mediums wird im allgemeinen wiederum ein Verlust durch Reflexion erfolgen, so daß der aus dem Medium austretende Lichtstrom (Φ_d) wiederum schwächer ist als Φ_e und die Beziehung gilt:

$$\Phi > \Phi_i > \Phi_e > \Phi_d .$$

Für die Messung der Absorption müssen also Φ_i und Φ_e ermittelt werden, d. h. es müssen die Reflexionsverluste entweder berechnet oder durch Kompensationsmaßnahmen ausgeschaltet werden. Letzteres ist in der Kolorimetrie die Regel.

Mit Reinabsorptionsgrad bezeichnet man den Bruchteil

$$\alpha_i = \frac{\Phi_i - \Phi_e}{\Phi_i} = 1 - \frac{\Phi_e}{\Phi_i} .$$

Der Quotient $\frac{\Phi_e}{\Phi_i}$ heißt der Durchsichtigkeitsgrad des durchstrahlten Mediums und wird mit dem Buchstaben ϑ bezeichnet. Im Hinblick auf die Abhängigkeit des Absorptionsvermögens eines Mediums von der Wellenlänge des Lichtes fügt man zu α_i und ϑ noch einen die Wellenlänge kennzeichnenden Index, schreibt also $\alpha_{i\lambda}$ und ϑ_λ oder $\left(\frac{\Phi_e}{\Phi_i}\right)_\lambda$ und gibt der obigen Gleichung die Form:

$$\alpha_{i\lambda} = 1 - \vartheta_\lambda = 1 - \left(\frac{\Phi_e}{\Phi_i}\right)_\lambda .$$

Das Gesetz von Lambert besagt nun, daß beim Durchgange von Licht durch ein absorbierendes Medium die Lichtschwächung eine Exponentialfunktion ist, in der die Schichtdicke des Mediums (d) zusammen mit einem (für das gegebene Medium und eine bestimmte Wellenlänge des Lichtes) konstanten Faktor (m_λ) im Exponenten steht:

$$\Phi_e = \Phi_i \cdot 10^{-m_\lambda \cdot d}$$
$$= \Phi_i \cdot e^{-m_{n\lambda} \cdot d}.$$

In anderer Form:

$$\lg \left(\frac{\Phi_i}{\Phi_e}\right)_\lambda = m_\lambda \cdot d\,,$$
$$\ln \left(\frac{\Phi_i}{\Phi_e}\right)_\lambda = m_{n\lambda} \cdot d\,.$$

Setzt man für $\left(\frac{\Phi_e}{\Phi_i}\right)_\lambda$ den Durchsichtigkeitsgrad ϑ_λ ein, so erhält man:

$$\lg \frac{1}{\vartheta_\lambda} = m_\lambda \cdot d\,,$$
$$\ln \frac{1}{\vartheta_\lambda} = m_{n\lambda} \cdot d\,.$$

Die Funktion $\log \frac{1}{\vartheta_\lambda}$ führt die Bezeichnung Extinktion (E_λ). Es gilt also:

E_λ (Extinktion schlechthin oder dekadische E.) $= m_\lambda \cdot d$,
$E_{n\lambda}$ (natürliche Extinktion) $= m_{n\lambda} \cdot d$.

Man benutzt gewöhnlich die (dekadische) Extinktion E_λ.

Der Faktor m_λ oder $m_{n\lambda}$, also der Quotient $\frac{E_\lambda}{d}$ oder $\frac{E_{n\lambda}}{d}$, wird als Extinktionsmodul bezeichnet. Er ist in den Fällen, in denen das Medium einen einheitlichen Stoff unter bestimmten Bedingungen des Druckes und der Temperatur darstellt, eine dem Medium eigentümliche Stoffkonstante. Der Extinktionsmodul hat die Dimension einer reziproken Länge; seine Einheit ist cm^{-1}.

Ist das absorbierende Medium konzentrationsvariabel, wie etwa eine Lösung eines farbigen Stoffes in einem farblosen Lösungsmittel (der häufigste Fall), so läßt sich vielfach der Extinktionsmodul m_λ (analog auch $m_{n\lambda}$) in zwei Faktoren zerlegen, nämlich in die Konzentration (c) und eine echte Stoffkonstante (ε_λ bzw. $\varepsilon_{n\lambda}$), die als Extinktionskoeffizient bezeichnet wird.

Drückt man die Konzentration als Vielfaches oder als Bruchteil der Einheit Mol/Liter aus, so heißt der Extinktionskoeffizient molarer Extinktionskoeffizient (ε_λ) oder molarer natürlicher Extinktionskoeffizient ($\varepsilon_{n\lambda}$). Bezieht man dagegen die Konzentration auf eine andere, spezielle Einheit, etwa Gramm/Liter, so erhält man den speziellen Extinktionskoeffizienten (ε'_λ) oder den speziellen natürlichen Extinktionskoeffizienten ($\varepsilon'_{n\lambda}$). Die Dimension des molaren Extinktionskoeffizienten (beider Arten) ergibt sich aus der Beziehung

$$\varepsilon_\lambda = \frac{m_\lambda}{c}$$

zu

$$\frac{\text{cm}^{-1}}{\text{mol/l}} = \frac{\text{cm}^{-1}}{\text{mmol/cm}^3} = \frac{\text{cm}^2}{\text{mmol}}.$$

Die Zerlegbarkeit von m in die Faktoren c und ε ist die Grundlage des Gesetzes von Beer. Dieses besagt, daß bei konstantem Produkte $c \,.\, d$ die Absorption durch Lösungen eines farbigen Stoffes (mit gegebenem ε) einen konstanten Wert aufweist, gleichgültig, wie groß die Werte von c und d im einzelnen sind. In solchen Fällen kann also die Wirkung einer Konzentrationsänderung auf die Absorption durch eine im gleichen Maße vorgenommene, aber entgegengesetzte Veränderung der Schichtdicke (d) kompensiert werden. Mit anderen Worten besagt das Gesetz von Beer, daß die Absorptionseigenschaften gewisser Stoffe (ausgedrückt durch den molaren Extinktionskoeffizienten ε) unabhängig von der Konzentration sind; denn nur unter dieser Voraussetzung kann ja bei variabler Konzentration der Wert von

$$E_\lambda = \varepsilon_\lambda \cdot c \cdot d$$

konstant bleiben, wenn das Produkt $c \,.\, d$ konstant bleibt[1]).

Diese Beziehung ist die oben (S. 1) erwähnte Grundlage der quantitativen Kolorimetrie.

Bei Gültigkeit des Beerschen Gesetzes liefert eine Messung der Extinktion (E_λ) bei gegebener Schichtdicke (d) und gegebenem Extinktionskoeffizienten (ε_λ) eines bestimmten Stoffes sofort auch dessen Konzentration (c). Zur Ermittlung von ε_λ kann (neben den verschiedenen photometrischen Verfahren) auch die Absolut-

---

[1]) Ist ε_λ eine Funktion der Konzentration, so ist das Beersche Gesetz für diesen Fall nicht gültig.

kolorimetrie dienen. Da der Extinktionsmodul der üblichen Graulösung[1]) bekannt ist ($m_0 = 0{,}500\,\mathrm{cm}^{-1}$), ergibt sich die Extinktion einer Versuchslösung, die den zu bestimmenden Stoff in der Konzentration c_1 (Mol/Liter) enthält und zur Erzielung gleicher Lichtschwächung bei einer Schichtdicke von d_1 eine Graulösungsschichtdicke d_0 erfordert, zu $E_{1\lambda} = m_0 \cdot d_0$, ihr Extinktionsmodul zu $m_{1\lambda} = \frac{m_0 \cdot d_0}{d_1}$, der molare Extinktionskoeffizient des färbenden Stoffes mithin zu $\varepsilon_\lambda = \frac{m_0 \cdot d_0}{d_1 \cdot c_1}$. Mißt man nun eine Lösung des gleichen Stoffes von unbekannter Konzentration (c_2) im Absolutkolorimeter und findet man eine der Schichthöhe d_2 äquivalente Graulösungsschichthöhe d_0', so haben wir:

$$E_{2\lambda} = m_0 \cdot d_0' = \varepsilon_\lambda \cdot c_2 \cdot d_2 = \frac{m_0 \cdot d_0}{d_1 \cdot c_1} \cdot c_2 \cdot d_2$$

oder

$$c_2 = \frac{c_1 \cdot d_1 \cdot d_0'}{d_2 \cdot d_0}.$$

Diese Gleichung ist das Analogon zur Bestimmungsgleichung der gewöhnlichen Kolorimetrie $\left(c_2 = c_1 \cdot \frac{d_1}{d_2}\right)$, nur modifiziert durch die Einführung der bei der Eichmessung und bei der eigentlichen Versuchsmessung gefundenen Graulösungsschichthöhen d_0 und d_0'. Diese Maßnahme, d. h. die Reduktion der Extinktionen auf die Extinktionsmoduln, befreit von der bei der gewöhnlichen Kolorimetrie unentbehrlichen Beschränkung auf konstante Werte von $c \cdot d$. Für die Absolutkolorimetrie gilt die Beziehung zwischen Extinktionsmoduln und Konzentrationen:

$$m_1 : m_2 = c_1 : c_2,$$

d. h. die Moduln sind den Konzentrationen proportional (und umgekehrt).

Aus diesem Zusammenhange leitet sich eine besonders bequeme und technisch überaus einfache Ausführungsform der Absolutkolorimetrie her, das **Verfahren der abgestimmten Schichthöhe**[2]).

Eine Eichmessung mit einer Lösung, die den zu bestimmenden farbigen Stoff in der Konzentration c_1 enthält, möge ergeben

[1]) Unabhängig von der Wellenlänge.

[2]) A. Thiel und W. Thiel, Chem. Fabr. **5**, 409 (1932).

haben, daß diese Lösung in der Schichtdicke d_1 Licht bestimmter Wellenlänge ebenso stark absorbiert wie eine Graulösungsschicht von der Dicke d_0.

Der Extinktionsmodul der Eichlösung ist demnach

$$m_{1\lambda} = \frac{m_0 \cdot d_0}{d_1}.$$

Eine beliebige andere Lösung desselben farbigen Stoffes möge bei einer Konzentration von c_2 und einer Schichtdicke von d_2 äquivalent einer Graulösungsschichtdicke d_0' sein. Dann ist der Extinktionsmodul dieser Lösung (der Versuchslösung)

$$m_{2\lambda} = \frac{m_0 \cdot d_0'}{d_2}.$$

Wir erhalten mithin

$$\frac{m_{2\lambda}}{m_{1\lambda}} = \frac{m_0 \cdot d_0' \cdot d_1}{m_0 \cdot d_0 \cdot d_2} = \frac{d_0' \cdot d_1}{d_0 \cdot d_2}.$$

Nach den obigen Auseinandersetzungen ist aber

$$\frac{m_{2\lambda}}{m_{1\lambda}} = \frac{c_2}{c_1}; \quad \text{also} \quad c_2 = c_1 \cdot \frac{d_0' \cdot d_1}{d_0 \cdot d_2}.$$

Das hier zu erörternde Verfahren bezweckt, daß man den Zahlenwert von c_2, also $\frac{c_2}{\text{mol/l}}$ [1]), als Zahlenwert der Graulösungsschichthöhe d_0', also als die Zahl $\frac{d_0'}{\text{cm}}$ [2]), unmittelbar an der Grauskala ablesen kann.

Es soll also

$$\frac{c_2}{\text{mol/l}} = \frac{d_0'}{\text{cm}}$$

sein.

Um die Schichthöhe d_2 zu finden, bei der diese Forderung erfüllt ist. Schreiben wir die Gleichung für c_2 in der Form

$$\frac{c_2}{\text{mol/l}} = \frac{c_1}{\text{mol/l}} \cdot \frac{d_0'}{\text{cm}} \cdot \frac{\text{cm}}{d_0} \cdot \frac{d_1}{d_2}.$$

[1]) Die Einheit der Konzentration ist an sich beliebig, muß aber bei Eichlösung und Versuchslösung die gleiche sein.

[2]) Auch die Einheit der Schichthöhe (cm oder mm) kann beliebig gewählt werden; sie muß nur bei der Eichmessung und bei der Versuchsmessung übereinstimmen.

Wie man sieht, ist unsere Forderung erfüllt, wenn

$$\frac{c_1}{\text{mol/l}} \cdot \frac{\text{cm}}{d_2} \cdot \frac{d_1}{d_0} = 1$$

ist, d. h. wenn man d_2 so wählt, daß sein Zahlenwert, $\frac{d_2}{\text{cm}}$, gleich dem Zahlwerte von c_1 $\left(\text{nämlich } \frac{c_1}{\text{mol/l}}\right)$, dividiert durch den Quotienten $\frac{d_0}{d_1}$, d. h. durch die einer Schichthöhe von 1 cm der Eichlösung äquivalente Graulösungsschichthöhe (in cm), ist.

Die so definierte Schichthöhe d_2 heißt die abgestimmte Schichthöhe für den zu ermittelnden Versuchsstoff.

Die hierin liegende Vereinfachung, die jede Umrechnung überflüssig macht und die mit einer solchen verknüpften Fehlermöglichkeiten vermeidet, bildet einen besonderen Vorzug der Absolutkolorimetrie.

Bei Stoffen, die dem Beerschen Gesetze nicht gehorchen, weil bei ihnen der farbbedingende Zustand der Molekeln von der Konzentration abhängig ist, erfordert die Auswertung der gemessenen Extinktionen zur Gehaltsbestimmung die Aufstellung einer empirischen Beziehung zwischen Konzentration und Extinktion. Diese kann in Kurven oder in Tabellen niedergelegt werden. Aus ihnen ist dann die zu einer gemessenen Extinktion gehörige Konzentration des farbigen Stoffes zu entnehmen.

3. Die Graulösung

Die bei der ursprünglichen Form der Absolutkolorimetrie als Lichtschwächungsmittel benutzte Flüssigkeit ist eine wässerige Lösung von „neutralgrauem" Charakter, d. h. sie absorbiert Licht aller Wellenlängen (in dem für Meßzwecke praktisch allein in Betracht kommenden Bereiche von rund 430 bis 700 mμ) nahezu gleichmäßig. An den zur Messung benutzten Spektralstellen, den „optischen Schwerpunkten" der vorgeschalteten Spektralfilter für weißes Licht, sowie bei den Wellenlängen der stärksten Emissionslinien des Quecksilberdampfes (näheres weiter unten) weicht der Extinktionsmodul der gewöhnlich benutzten Graulösung um nicht mehr als rund 1% von dem Werte 0,500 ab.

Diese kleinen Abweichungen vom „theoretischen" Werte gehen aber nicht einmal in die analytischen Ergebnisse der Absolutkolorimetrie ein. Denn die Grundlagen für die Bestimmungen nach dem Verfahren der „abgestimmten Schichthöhe" werden ja durch Eichmessungen gewonnen, bei denen genau eingestellte Lösungen der zu bestimmenden Stoffe dazu benutzt werden, die äquivalenten Graulösungsschichthöhen zu ermitteln. Bei der Berechnung der abgestimmten Schichthöhe (siehe S. 11) kommt denn auch der Wert des Extinktionsmoduls der Graulösung (im Endergebnis) gar nicht vor. Die Bestimmung wäre also auch mit einer Graulösung mit gänzlich abweichendem Extinktionsmodul möglich, wenn dieser nur bei jeder nachfolgenden Messung derselbe wäre, wie bei der Eichmessung. Diese Konstanz ist bei der gewöhnlichen Graulösung dadurch gewährleistet, daß sie stets nach einer bestimmten Vorschrift hergestellt und behandelt wird. Man erhält dann eine Lösung von ein für allemal genau definiertem Extinktionsmodul (an einer bestimmten Spektralstelle), der nicht ganz genau gleich 0,500 zu sein braucht, wenn er nur zeitlich konstant bleibt. Diese Forderung ist aber nach den Ergebnissen der über mehrere Jahre hin durchgeführten Prüfung der Graulösung erfüllt.

Die Konzentration der Graulösung ist aus praktischen Gründen so gewählt worden, daß der Extinktionsmodul gleich 0,500 cm^{-1} ist. Eine Schichthöhe von etwa 30 mm, also eine Lichtschwächung auf den Bruchteil von etwa $10^{-1,5}$ = rund 3%, gibt ungefähr die untere Helligkeitsgrenze, die zur Erzielung einer Meßgenauigkeit von etwa 1% in der Extinktion (Einstellfehler ± 0,3 mm) eingehalten werden muß. Bei 10 mm Graulösung kann man mit ± 0,1 mm Einstellfehler, also ebenfalls mit einer Meßgenauigkeit von 1%, rechnen. Man soll die Messung grundsätzlich so einrichten, daß man nicht wesentlich weniger als 10 mm Graulösung abzulesen hat (aber auch nicht wesentlich mehr als 30 mm). Die Sicherheit des Ergebnisses wird gesteigert, wenn man sich nicht mit einer einzigen Ablesung begnügt, sondern mehrere Einstellungen und Ablesungen mit systematischem Wechsel der Einstellungsrichtung (z. B. auf der Seite der Graulösung erst von Heller zur Gleichheit, dann von Dunkler zur Gleichheit, wieder von Heller zur Gleichheit übergehend usw.) vornimmt und die Ergebnisse mittelt. Auf diese Weise schaltet man den Einfluß zufälliger Ablesefehler weitgehend aus. Bei genauen Bestimmungen sollte stets dieses Verfahren angewandt werden.

Die Graulösung hat ihre eigene Entwicklungsgeschichte[1]). Ursprünglich war sie in fertig gemischtem Zustande nur eine relativ kurze Zeit lang haltbar; sie war lichtempfindlich und veränderte sich auch im Dunkeln langsam. Nachdem die Ursachen dieser Reaktionen erkannt worden waren, konnten diese Übelstände, welche die praktische Verwendbarkeit der Absolutkolorimetrie bedrohten, alsbald abgestellt werden. Seit 1933 existiert eine neue, auch in fertig gemischtem Zustande jahrelang haltbare Graulösung, die zwar nicht absolut lichtecht, aber bei künstlicher Beleuchtung und sogar im zerstreuten Tageslichte nicht merklich lichtempfindlich ist. Ihr größter Feind ist Wärme. Man soll sie daher an einem kühlen Orte (und zur größeren Sicherheit im Dunkeln) aufbewahren.

---

[1]) R. Diehl, Marb. Sitzungsber. **66**, 65 (1931). — A. Thiel, Z. f. Elektrochem. **39**, 312 (1933); Klin. Wochenschr. **12**, 1144 (1933); Z. f. anal. Chem. **94**, 170 (1933); Chem. Fabr. **7**, 383 (1934); Berichte **68**, 1022 (1935); Marb. Sitzungsber. **71**, 17 (1936). — A. Thiel, R. Diehl und O. Peter, Marb. Sitzungsber. **68**, 85 (1933).

Nach Vorschrift behandelt, ändert die neuere Graulösung ihre Extinktion in Jahren nicht nachweisbar. Zudem ist im Jahre 1934 eine (1935 noch verbesserte) Grausubstanz in fester Form (Graupulver) bereitet worden, die in diesem Zustande ein nach den vorliegenden Erfahrungen praktisch unbeschränkt haltbares Präparat bildet, aus dem sich leicht nach einer einfachen Vorschrift beliebige Mengen der üblichen Graulösung bereiten lassen. Jeder Packung Graupulver wird eine ins einzelne gehende Behandlungsvorschrift beigegeben, die allerdings genauestens befolgt werden muß.

Bei der Verwendung der Graulösung ist zu beachten, daß sie als verdünnte wässerige Lösung an freier Oberfläche der Verdampfung unterworfen ist. Man hat daher überflüssige Erwärmung über Zimmertemperatur im Gebrauche zu vermeiden, zumal da auch die Extinktion der Graulösung eine gewisse Temperaturabhängigkeit besitzt. Ferner ist für rechtzeitige Erneuerung der in Gebrauch befindlichen Graulösung (Neufüllung des Bechers) zu sorgen. Gebrauchte Graulösung, die einen Tag oder mehr alt ist, ist der Konzentrationsänderung durch Verdampfung verdächtig und sollte weggeschüttet werden. Im Zweifelsfalle kann man den Extinktionsmodul einer Graulösung durch Messung gegen einen geeichten Standard (Grauglas oder dgl. von konstanter Extinktion), der jeder Packung Graupulver beigegeben wird, prüfen und so feststellen, ob die vorliegende Lösungsprobe noch einwandfrei ist.

4. Die äquivalente Lichtschwächung mittels einer Graukeileinrichtung

Die jüngste Entwicklung der Absolutkolorimetrie hat zur Absolutkolorimetrie mittels Graukeileinrichtung geführt. Diese verdankt ihre Entstehung einer Reihe neuerer Erfahrungen. Obwohl, wie bereits oben erwähnt, nach den Ergebnissen einer über fast 5 Jahre hin fortgesetzten sorgsamen Kontrolltätigkeit in meinem Laboratorium kein Zweifel mehr daran aufkommen kann, daß eine Graulösung, die nach der klaren und einfachen Vorschrift der Gebrauchsanweisung (aus Graupulver und Puffergemisch) angesetzt und weiterhin nach Vorschrift behandelt wird, nicht nur von Anfang an den richtigen Extinktionsmodul von 0,500 cm^{-1} ± 1 % an den durch die monochromatischen Lichtfilter festgelegten Spektralstellen besitzt, sondern auch nach Jahren noch keine nennenswerten Abweichungen von diesem Werte erkennen läßt, sind mir doch immer wieder vereinzelt Klagen über Mißerfolge in dieser Beziehung bekannt geworden.

Ich habe daraus nur schließen können, daß die vorschriftsmäßige Herstellung und Behandlung der Graulösung eine Aufgabe ist, der, so einfach und bequem sie mir selber erscheint, doch manche Benutzer nicht gewachsen sind. Diese bedauerliche Erfahrung, zusammen mit der ja von vornherein gegebenen, wenn auch bei verständiger Handhabung ganz unbedenklichen Tatsache, daß die Graulösung als wässerige Flüssigkeit natürlich — namentlich bei höherer Versuchstemperatur, also in erster Linie im Sommer — der Verdampfung ausgesetzt ist, haben mich dazu veranlaßt, nach einem in jeder Hinsicht — auch in den Händen Ungeübter — unveränderlichen Ersatz für die Graulösung zu suchen. Einen solchen habe ich in Gestalt einer besonderen Art von Graukeileinrichtung gefunden.

Praugläser und Graukeile sind an sich schon lange bekannte und vielfach benutzte Lichtschwächungsmittel. Ihrer Verwendung für die Zwecke der Absolutkolorimetrie (an die ich schon vor der

Einführung der Graulösung gedacht hatte) stand noch bis vor kurzem einerseits der Umstand im Wege, daß es derartige Grausysteme von genügend idealer Grauheit nicht gab, so daß beträchtliche spektrale Extinktionsdifferenzen hätten in Kauf genommen werden müssen, anderseits die Erwägung, daß die bevorzugte Art der „gegossenen" Graukeile an die Technik der Herstellung recht hohe Anforderungen stellt und zudem keine unbegrenzte Haltbarkeit der Produkte erwarten läßt, sowie endlich die Tatsache, daß ganz allgemein bei der Verwendung von Graukeilen die Lichtschwächung auf einen bestimmten Bruchteil streng nur in einem unendlich dünnen Strahlenbündel möglich ist. Letzteres ist dadurch bedingt, daß die Keildicke ja stetig ansteigt, so daß ein Lichtbündel von endlicher Dicke den Keil in einem Stück von (in bestimmter Richtung) zunehmender Dicke durchsetzt; das hat wieder eine Abstufung der Helligkeit in einem Gesichtsfelde zur Folge, das durch ein solches mittels Graukeils geschwächtes Lichtbündel beleuchtet wird.

Die erstgenannten beiden Mängel der älteren Graukeile dürfen neuerdings als zu einem wesentlichen Teile behoben gelten, seit homogene Graugläser mit nur relativ unbedeutenden spektralen Extinktionsverschiedenheiten zur Verfügung stehen und daher in höchst einfacher Weise (durch Schleifen) Graukeile von praktisch unbeschränkter Konstanz und Haltbarkeit hergestellt werden können.

Der an dritter Stelle aufgeführte (allgemeine) Mangel der Graukeilmethode läßt sich aber leicht beheben, und zwar durch die Verwendung von Graukeilpaaren in solcher Anordnung, daß man eine völlig gleichförmige (nicht abgestufte) Extinktion über größere Flächen hin und damit über den ganzen Querschnitt des in der Kolorimetrie benötigten Lichtbündels erhält[1]). Näheres darüber folgt weiter unten (S. 35).

Graukeileinrichtungen dieser Art beanspruchen nur wenig Platz in der Höhe und lassen sich sehr gut unter der Deckenplatte des

[1]) Eine solche Einrichtung ist schon vor einem halben Jahrhundert von E. J. Spitta angegeben worden (Proc. Roy. Soc. **47**, 15 [1889]); doch scheint sie auf dem Gebiete der praktischen Photometrie inzwischen wieder in Vergessenheit geraten zu sein.

Kolorimeters unterbringen, z. B. sehr bequem in eine unter dieser Platte befindliche (oder dort leicht anbringbare) Führungsnut mit Hilfe einer Schwalbenschwanzfassung einschieben. Es wird auf diese Weise möglich, jedes vorhandene Kolorimeter passender Bauart ohne Veränderung seines sonstigen Aufbaus für Absolutmessungen zu adaptieren und diesem Zwecke in technisch fast ebenso einfacher Weise zuzuführen, wie durch die hierfür zunächst vorgeschlagene Verwendung der Graulösung. Ja, man erzielt durch diese Neuerung sogar noch den besonderen Vorteil, daß die Becher der sonst für die Graulösung vorzubehaltenden Stufe für andere Zwecke freiwerden, und erspart sich dadurch in gewissen Fällen, z. B. bei der auf S. 134 angegebenen Methode, bei der zwei Lösungen in verschiedenen Schichthöhen gegeneinandergeschaltet werden müssen, anderweitige, komplizierende Maßnahmen.

Der Übergang von der Graulösung zur Graukeileinrichtung bringt mithin in jeder Beziehung Vereinfachungen und Fortschritte, die einen ideal zu nennenden Zustand verwirklichen würden, wenn das verfügbare Grauglas absolut neutralgrau wäre. Denn dann brauchte man die Teilstriche der Keilverschiebung nur (auf Grund einer einmaligen Eichung) so zu wählen, daß jeder Teilstrich 1 mm Graulösung entspräche, um das bewährte „Meßverfahren der abgestimmten Schichthöhe" unmittelbar in unveränderter Weise auch mit Hilfe der Graukeileinrichtung durchführen und damit das auf die Graulösung aufgebaute Messungssystem unverändert übernehmen zu können.

Leider ist dieser Idealzustand noch nicht erreicht. Man kann ihn allerdings für das eine oder andere Spektralfilter (oder sogar einige von ihnen) durch entsprechende Wahl der Einheiten der Graukeilverschiebung erzielen, muß dann aber für die anderen Filter Korrekturen einführen, die das ganze Verfahren etwas komplizieren und eines Teiles seiner bei Verwendung der Graulösung so bestrickenden Einfachheit berauben.

Eine einfache Lösung des hier vorliegenden Problems würde nun darin bestehen, daß man der Teilungseinheit der Meßskala an der Graukeileinrichtung einen beliebig veränderlichen Wert gäbe, der auf mechanischem Wege den verschiedenen Extinktionswerten des Grauglases an den benutzten Meßstellen im

Spektrum angepaßt werden könnte, d. h. man müßte eine Skala benutzen, die man gewissermaßen nach Belieben gleichförmig zusammendrücken oder auseinanderziehen könnte.

Eine Vorrichtung, die eine solche Aufgabe zu lösen gestattet, ist tatsächlich herstellbar. Sie besteht einfach in einer schwenkbaren Skala. Der Nonius ist mit dem einen, die Skala mit dem anderen Keil der Doppelkeileinrichtung fest verbunden, und die Skala läßt sich um eine durch ihren Nullpunkt gehende Senkrechte als Achse (von der auch die Verbindung mit dem einen Keil ausgeht) drehen (schwenken). Dann schneiden ihre (stark verlängerten) Teilstriche die Ablesekante der Noniusteilung, wenn der Nonius seine Normalrichtung beibehält, unter einem um so spitzeren Winkel, je weiter die Skala aus ihrer (normalen) Ausgangsstellung herausgedreht wird. Infolgedessen erhält der Abstand zwischen je zwei Teilstrichen der Skala im Schnitt mit der Ablesekante des Nonius einen um so größeren Wert, je spitzer der Winkel ist, unter dem sich Skalenteilstriche und Ablesekante schneiden, d. h. je größer der Drehwinkel der Skala ist. Daraus ergibt sich dann weiter, daß die Ablesung der Teilstrichzahl am Nullpunkte des Nonius bei gleichem Abstande des letzteren vom Skalenanfange einen um so kleineren Wert liefert, je stärker die Skala gedreht worden ist: er ist proportional dem cos des Skalendrehwinkels.

Eicht man nun die Graukeilskala so, daß ihre Teilstriche in der Ausgangsstellung der Skala (beim Drehwinkel Null) gerade den Millimeter Graulösung für die Stelle der maximalen Extinktion des Grauglases entsprechen (wobei man nur die tatsächlich benutzten Wellenlängen berücksichtigt), so kann man auf einem Kreisbogen, längs dem sich ein mit der Skala fest verbundener Zeiger (oder dergleichen) verschiebt, für jedes Filter den zugehörigen Drehwinkel markieren, der die Ablesungen an der Graukeilskala mechanisch auf Millimeter Graulösung reduziert.

Und noch mehr: Man kann hierbei sogar auf eine ideale Graulösung reduzieren, d. h. auf eine Graulösung, die an allen Meßpunkten genau den Extinktionsmodul 0,500 cm^{-1} besitzt, also auch die kleinen Abweichungen der gewöhnlichen Graulösung von diesem Werte nicht mehr aufweist.

In dieser Weise ist das Gerät eingerichtet, das weiter unten (S. 35) noch eingehender beschrieben wird.

Mit dem Rechte des Urhebers des Begriffes der Absolutkolorimetrie dehne ich diesen Begriff auch auf die Farbmessungen mit Hilfe von solchen Kolorimetern aus, die mit einer Graukeileinrichtung der vorstehend angegebenen und weiter unten näher erläuterten Art ausgestattet sind.

B. Die Apparate (Aufbau und Handhabung)

1. Die Entwicklung der Kolorimeter

Die Kolorimeter besitzen allgemein einen paarigen Aufbau: Die von einer geeigneten Lichtquelle (Tageslicht, künstliches weißes Licht, Quecksilberdampflicht) ausgehende Strahlung wird in zwei gleichartige Bündel zerlegt, von denen das eine durch die Versuchslösung, das andere durch die (spezielle oder universelle) Vergleichslösung geleitet wird. Durch zweckmäßige Lenkung mit Hilfe spiegelnder Flächen wird das Licht aus den beiden Bündeln so in das Gesichtsfeld eines Fernrohres geleitet, daß die eine Hälfte des Gesichtsfeldes von dem einen, die andere von dem andern Bündel Licht empfängt. In der Regel ist das Gesichtsfeld kreisförmig und in der Mitte geteilt, so daß die beiden Bündel je einen Halbmond beleuchten.

Nachdem die Beleuchtung so justiert ist, daß bei beiderseits erfolgter Einstellung auf die Schichthöhe Null die beiden Gesichtsfeldhälften gleich hell erscheinen, wird bei zweckmäßig gewählter Schichthöhe auf der Versuchsseite die Schichthöhe auf der Vergleichsseite so eingestellt, daß die beiden Gesichtsfeldhälften wieder ein gleiches Aussehen zeigen (gleiche Farbsättigung, gleiche Mischfarbe, gleiche Helligkeit monochromatischen Lichtes). Auf Grund der abgelesenen Schichthöhe auf den beiden Seiten erfolgt die Auswertung der Messung.

Die modernen Kolorimeter für exakte Messungen sind nach dem Prinzip von Duboscq gebaut: in Tauchbechern werden axial angeordnete Tauchstäbe verschoben. Die Schichthöhen der in den Bechern unter den Stabenden befindlichen Flüssigkeiten werden an Skalen abgelesen, vor deren Teilungen Nonien vorbeigleiten.

Die einfachste, einstufige Form des Duboscq-Kolorimeters zeigen die Abb. 1a und 1b, von denen die erstere das Schema für den Strahlengang, die letztere das Kolorimeter selbst darstellt.

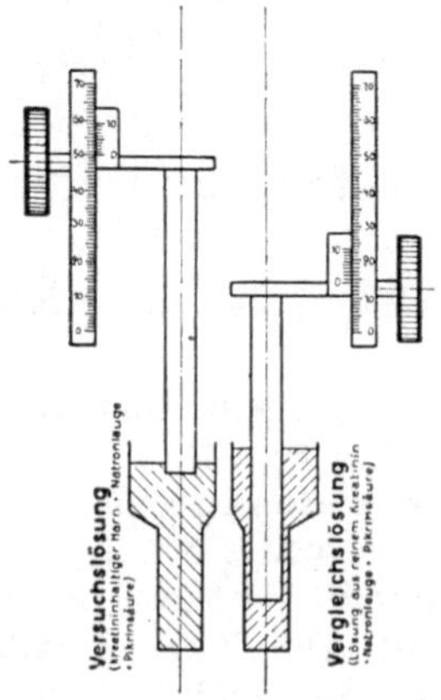

Abb. 1a. Einstufiges Duboscq-Kolorimeter. Strahlengangsskizze

Abb. 1b. Einstufiges Duboscq-Kolorimeter. Außenansicht

Wenn die Schichthöhe der Versuchslösung stark verschieden von derjenigen der Vergleichslösung ist (wie z. B. in der Abb. 1a), d. h. wenn man Lösungen von sehr verschiedenem Gehalte kolorimetrisch vergleicht, verursacht die in verschiedenem Maße auftretende Lichtzerstreuung zwischen oberen Tauchstabenden und optischem System eine optische Unsymmetrie bei der gewöhnlichen Kolorimetrie, die zwar nicht die Farbsättigung verändert, wohl aber Helligkeitsunterschiede hervorruft, die sich störend und genauigkeitsverringernd bemerkbar machen. Bei der monochromatischen (also auch bei der absoluten) Kolorimetrie entspricht der Helligkeitsveränderung natürlich unmittelbar ein Meßfehler. Durch Einfügung von bündelverengenden Blenden kann man diese Fehlerquelle abschwächen, aber nicht völlig beseitigen.

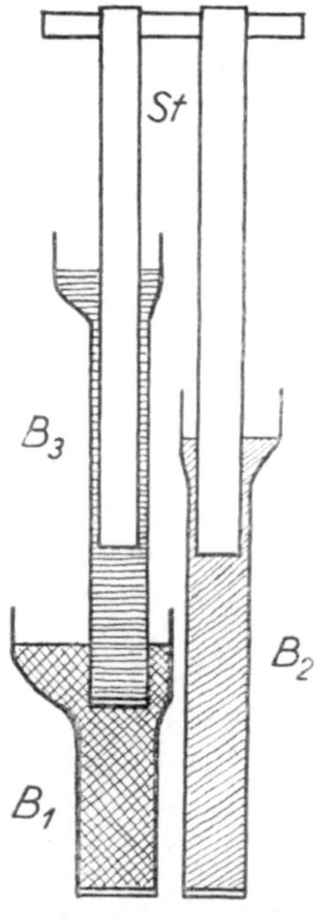

Abb. 2. Neuere Form des einstufigen Kolorimeters mit Gillespieschem Ausgleich

Es ist daher eine radikale Abhilfe mittels des „Gillespieschen Ausgleiches"[1]) herbeigeführt worden. Sein Prinzip ergibt sich aus der Abb. 2.

Der Becher B_2 enthält die Versuchslösung, der Becher B_1 die Vergleichslösung (oder die Graulösung), der Becher B_3 farbloses Lösungsmittel. Wie man sieht, ist die Schichthöhe in B_2 gleich der Summe der Schichthöhen in B_1 und in B_3, und die Veränderung der Schichthöhe in B_1 (bei festgelegter Schichthöhe in B_2) erfolgt in der Weise, daß der Becher B_3 (anstatt eines zum Becher B_1 gehörigen Stabes, wie im gewöhnlichen Kolorimeter) verschoben wird. Bei diesem Verfahren bleiben also die Gesamtschichthöhen der Flüssigkeiten rechts und links immer gleich, und die oberen Tauchstabenden immer in gleicher Höhe (die Stäbe

[1]) A. Thiel, Marb. Sitzungsber. **71**, 23; 91 (1936).

sind gekoppelt), die Lichtzerstreuungsverhältnisse beiderseits die gleichen, so daß von dieser Seite auch bei sehr verschiedenen Schichthöhen der beiden Lösungen kein Fehler entstehen kann. Diese Form des einstufigen Kolorimeters ist mithin frei von der sonst üblichen Beschränkung der Messung auf Lösungen von nicht sehr verschiedener Konzentration und damit nahezu gleicher Schichthöhe.

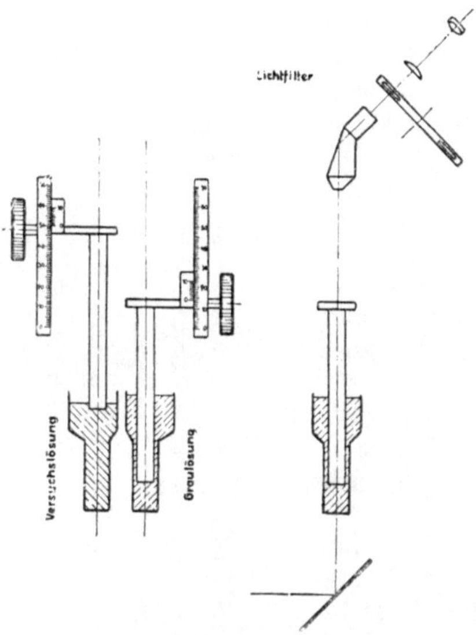

Abb. 3. Einstufiges Absolutkolorimeter

Das vorstehend erörterte Prinzip ist auch für die Absolutkolorimetrie von Bedeutung, die sonst auch in einem einstufigen Kolorimeter nach dem in Abb. 3 dargestellten Schema ausgeführt werden kann. Der Unterschied gegenüber der gewöhnlichen Kolorimetrie mit weißem Licht besteht dabei nur in der Verwendung von monochromatischem Licht (durch Einschaltung geeigneter Farbfilter erzielt) und in dem Ersatze der speziellen Vergleichslösung durch die Graulösung. Die Vergleichung der Abb. 3 mit der Abb. 1a läßt das deutlich erkennen.

Aus praktischen Gründen, wesentlich, um die Verwendbarkeit des Kolorimeters für die verschiedensten Zwecke der analytischen Praxis zu sichern, sind neben den einstufigen Kolorimetern auch **mehrstufige** gebaut worden. Wenn z. B. Farbmessungen in trüben oder eine Eigenfärbung aufweisenden Flüssigkeiten ausgeführt werden sollen, muß natürlich auch auf der Vergleichsseite (Graulösungsseite) eine gleiche Trübung oder Eigenfärbung eingeschaltet werden. Das wird dadurch erreicht, daß man z. B. eine zweite kolorimetrische Stufe, d. h. ein zweites Paar von Bechern und Tauchstäben, über der ersten Stufe anordnet. Man erhält so das **zweistufige Kompensationskolorimeter**, das in den Abb. 4a und 4b dargestellt ist.

Auf der linken Seite der unteren Stufe wird die Flüssigkeit mit Eigenfarbe oder Trübung (z. B. Harn) ohne den zur kolorimetrischen Analyse dienenden Farbstoff (z. B. Kreatininpikrat) zu der auf der rechten Seite befindlichen Versuchslösung (in gleicher Schichthöhe) parallel geschaltet. Die Vergleichslösung (z. B. eine Lösung mit bekanntem Gehalte an Kreatininpikrat) befindet sich im linken Becher der oberen Stufe, deren rechter Becher zur Erzielung optischer Symmetrie mit reinem Lösungsmittel (Wasser) beschickt wird. Die Schichthöhen sind in beiden Stufen rechts und links immer gleich, was durch die Verwendung von Paaren gekoppelter Stäbe erreicht wird.

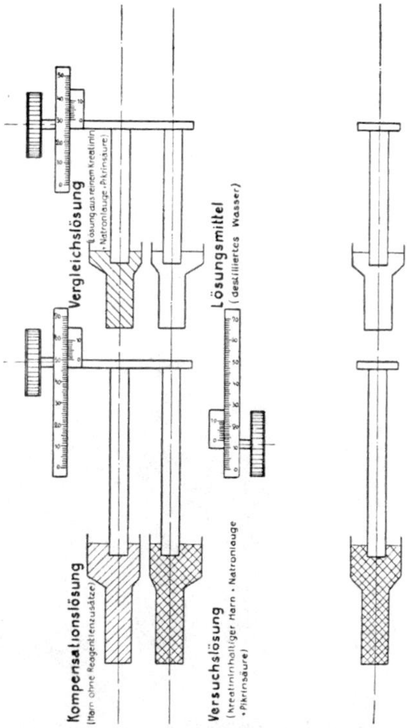

Abb. 4a. Zweistufiges Kompensationskolorimeter. Strahlengangsskizze

Bei der Benutzung dieses Kolorimeters für die Zwecke der Absolutkolorimetrie würde an die Stelle der Vergleichslösung die Graulösung treten; eine Beleuchtungseinrichtung für künstliches Licht und ein Spektralfiltersatz würden als Ergänzung hinzukommen.

Dem Wunsche, auf kolorimetrischem Wege auch die **Säurestufenmessung** (p_{H^+}-**Messung, Bathmometrie**) ausführen zu können, verdankt das **dreistufige Kolorimeter** seine Entstehung[1]). Sein Aufbau und seine äußere Gestalt ist aus den Abb. 5a und 5b ersichtlich.

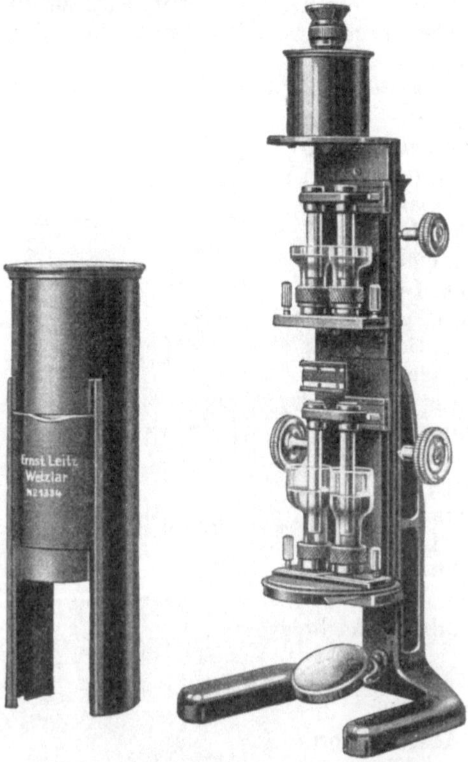

Abb. 4b. Zweistufiges Kompensationskolorimeter. Außenansicht

Die in der Strahlengangsskizze (Abb. 5a) eingetragenen Bezeichnungen machen wohl eine weitere Erläuterung der Anwendung des Instruments überflüssig.

Dieses Universalkolorimeter läßt sich nun sehr gut auch für absolutkolorimetrische Messungen (ähnlich wie das zweistufige

[1]) A. Thiel, Marb. Sitzungsber. **66**, 37 (1931).

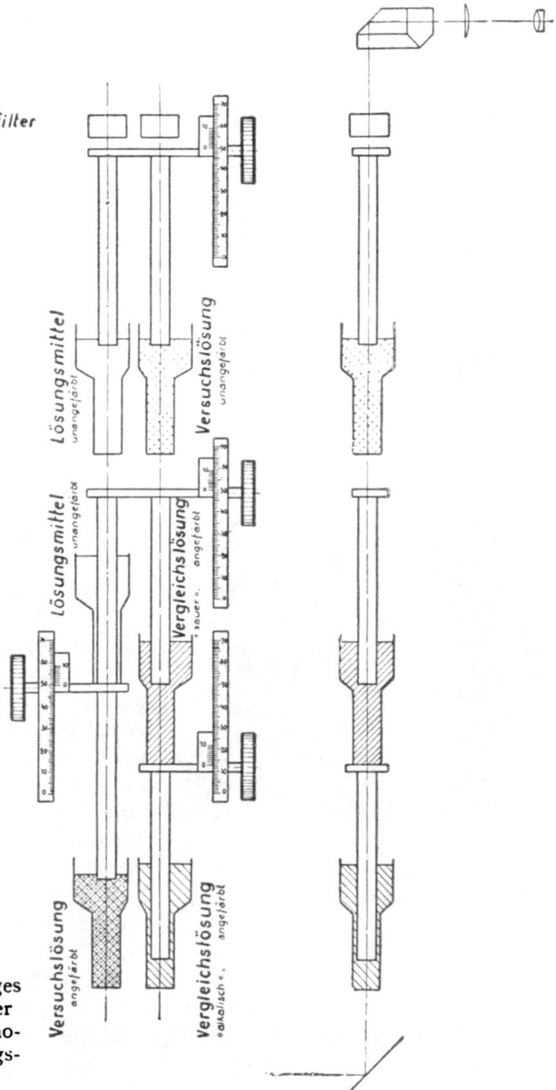

Abb. 5a. Dreistufiges Universalkolorimeter als optisches Bathmometer. Strahlengangsskizze

Kompensationskolorimeter) verwenden. Die Anordnung der Lösungen in diesem Falle ergibt sich aus der Abb. 6.

Die optische Symmetrie ist in vollkommener Weise erreicht.

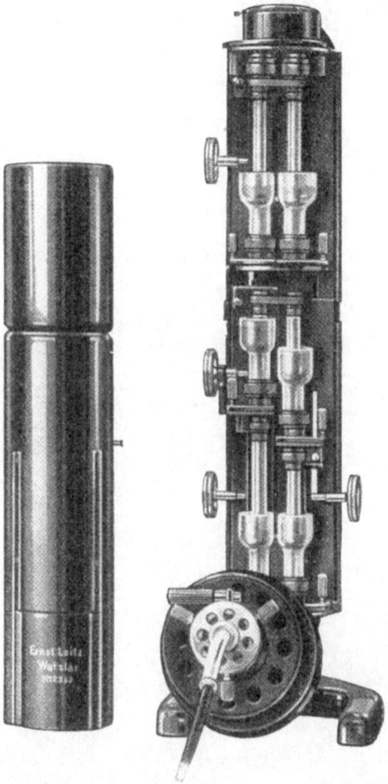

Abb. 5b. Dreistufiges Universalkolorimeter als optisches Bathmometer. Äußere Ansicht

Seine endgültige Form hat das Absolutkolorimeter in dem auch für alle anderen kolorimetrischen Zwecke, einschließlich der optischen Bathmometrie, geeigneten zweistufigen Universalkolorimeter und Bathmometer gefunden. Sein Aufbau ist aus den Abb. 7 und 8 zu entnehmen.

Zwei Becherpaare und zwei gekoppelte Stabpaare sind in zwei Stufen übereinander angeordnet. Alle Becher besitzen eine maximale Nutztiefe von 60 mm. Zwei Triebe mit Skalen gestatten die meßbare Hebung und Senkung der Stabpaare. Bei der gewöhnlichen Kolorimetrie und bei der Absolutkolorimetrie werden die Flüssigkeiten in der aus Teilabb. 7a ersichtlichen Weise eingefüllt. Der linke untere Becher enthält die Versuchslösung, der rechte obere Becher die Vergleichslösung oder die Graulösung. Die beiden anderen Becher sind mit reinem Lösungsmittel gefüllt, wenn die Versuchslösung weder Eigenfärbung noch Trübung aufweist. Im Falle eigenfarbiger oder trüber Versuchslösungen erhält der rechte untere Becher eine Füllung mit der Ver-

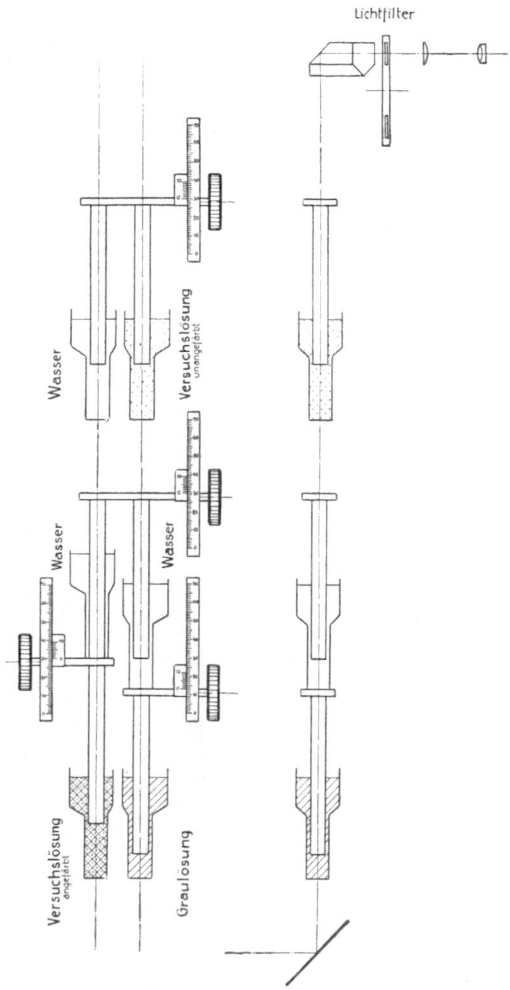

Abb. 6.
Dreistufiges Universalkolorimeter als Absolutkolorimeter

suchslösung, jedoch ohne die farbenentwickelnden Reagentien (Kompensationsflüssigkeit), während der linke obere Becher auch dann mit dem reinen Lösungsmittel beschickt wird.

Beim Arbeiten mit der Graukeileinrichtung kommt das Meßkeilpaar auf die rechte Seite, darunter reines Lösungsmittel oder

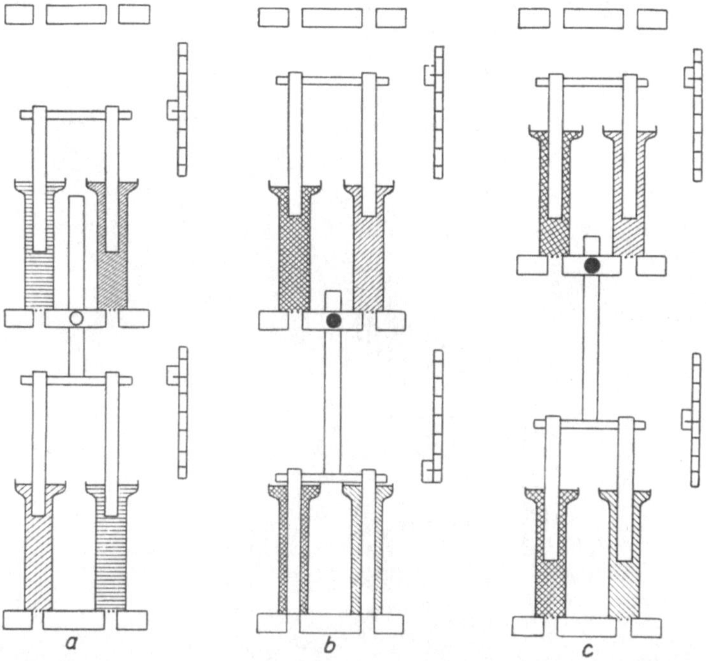

Abb. 7. Zweistufiges Universalkolorimeter und Bathmometer, schematisch

die Kompensationsflüssigkeit, links in derselben Stufe die Versuchslösung. Die andere Stufe wird überzählig und bleibt frei.

Will man dieses Kolorimeter für die Zwecke der optischen Bathmometrie benutzen, so wird durch einen einfachen Handgriff [Lösung einer Schraube und Anziehen einer anderen[1])] die Grundplatte für das obere Becherpaar mit dem Träger des unteren Stabpaares gekoppelt, nachdem man zuvor die Tauch-

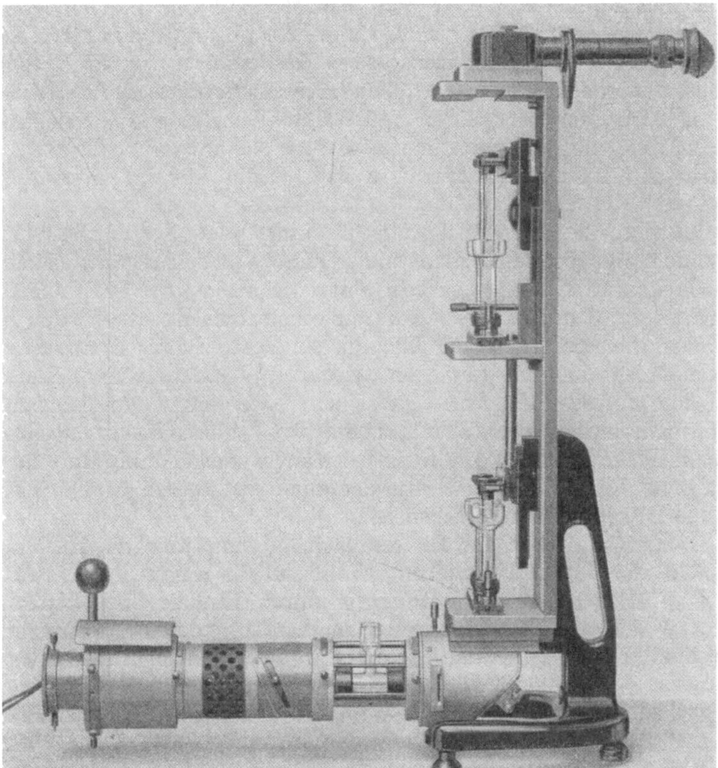

Abb. 8. Zweistufiges Universalkolorimeter und Bathmometer. Äußere Ansicht

stäbe der unteren Stufe auf Null und die der oberen Stufe auf 50 mm eingestellt und letztere in dieser Stellung festgeklemmt hat (Teil-

[1]) Diese letztere ist in der Abb. 7 durch einen einfachen Kreis dargestellt, wenn sie lose, durch einen ausgefüllten Kreis, wenn sie angezogen ist.

abb. 7b). Jetzt füllt man in die beiden linken Becher die mischfarbige Versuchslösung, in den rechten unteren Becher eine Vergleichslösung des benutzten Indikators in der unteren Grenzfarbe, in den rechten oberen Becher eine ebensolche Lösung in der oberen Grenzfarbe und hebt dann das untere Stabpaar (und mit ihm die obere Grundplatte samt dem oberen Becherpaare), bis auf beiden Seiten die gleiche Mischfarbe (oder bei monochromatischer Beleuchtung die gleiche Helligkeit) herrscht (Abb. 7c). Aus dem Verteilungsverhältnis der Gesamtschichthöhe von 50 mm auf die grenzfarbigen Lösungen unten und oben ergibt sich in bekannter Weise[1]) die Säurestufe der Versuchslösung.

Sind in der Versuchslösung Trübung oder Eigenfarbe vorhanden, so braucht man noch eine Vorrichtung zu deren Kompensation. Diese wird in einer die Höhe des Instruments nicht vergrößernden Weise dadurch erzielt, daß man zwei Absorptionsröhren in horizontaler Lage in den Strahlengang einschaltet, von denen die eine (auf der Seite der Versuchslösung) reines Lösungsmittel, die andere (auf der Seite der Grenzlösungen) die nicht mit dem Indikator angefärbte Versuchslösung enthält. Beide Röhren haben eine feste Nutzlänge von 50 mm. Ihre Anordnung zeigt die Abb. 8, aus der auch der äußere Aufbau des ganzen Apparates zu ersehen ist.

In der Unterseite der Deckenplatte erkennt man die Nut, in welche die Graukeileinrichtung (S. 18 und 35) eingeschoben wird.

Die Beleuchtungsvorrichtung ist durch Einbau eines Isolierstückes, das die Wärmezuleitung von der Lampe zum Kolorimeter verhindert, verbessert und gestattet in sehr bequemer Weise den Austausch einer Weißlichtquelle (Niedervoltglühlampe)[2]) gegen eine Quecksilberlichtlampe (Fadenlampe aus Quarzglas). Letztere ist in der Abb. 9 (a und b) besonders dargestellt.

Wenn es darauf ankommt, die Extinktion sehr schwach gefärbter Lösungen genau zu messen, also z. B. Spuren eines eine Farbreaktion gebenden Stoffes nicht nur nachzuweisen, sondern auch quantitativ zu bestimmen, ist manchmal eine Schichthöhe von maximal $60 + 50 = 110$ mm (bei Mitbenutzung der

---

[1]) A. Thiel, Marb. Sitzungsber. **66**, 37 (1931).

[2]) In der Abb. 8 eingeschoben.

Vorlegeröhren) unzureichend, und es entsteht das Bedürfnis nach wesentlich größeren Schichtlängen. Für solche Fälle existieren Vorsatzeinrichtungen, in denen Absorptionsröhren (mit Fülltubus) von 100, 200 und 500 mm Nutzlänge — für sich oder hintereinandergeschaltet — zwischen Lichtquelle und eigentliches

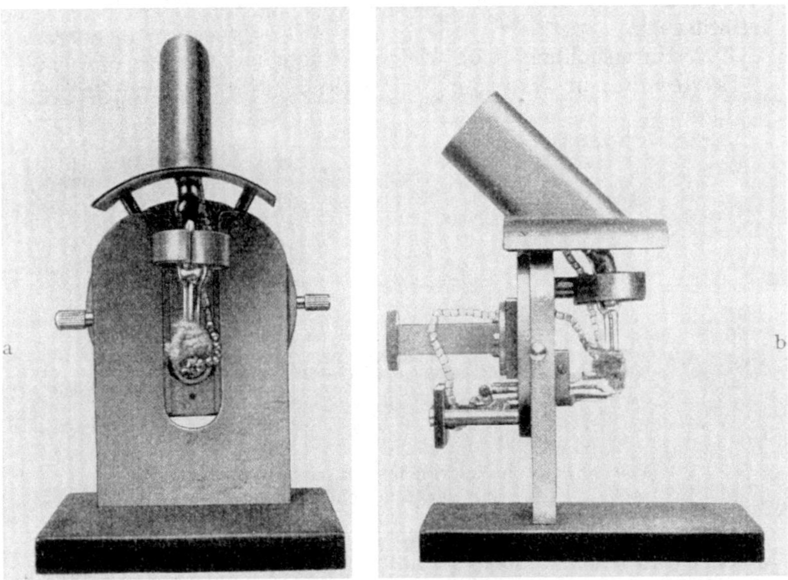

Abb. 9. Quecksilberlicht-Lampe (a von vorn, b von der Seite)

Kolorimeter gebracht werden können. Eine solche Einrichtung ist in der Abb. 10 zu sehen.

Die der Lampe zunächst liegende (linke) Abteilung der Vorsatzeinrichtung enthält je eine Röhre von 500 mm Länge, die rechts folgende zunächst je eine Röhre von 200 mm, dann je eine solche von 100 mm und schließlich nochmals je eine Röhre von 200 mm Länge. Die Röhrenlängen sind nach dem Abstufungsprinzip der Gewichtssätze gewählt. Fügt man noch die in Abb. 8 wiedergegebene Röhre von 50 mm Länge dem Satze hinzu, so kann man in Verbindung mit den Tauchbechern und Tauchstäben des Kolorimeters jede beliebige Schichtdicke zwischen 0,0 und 1060,0 mm einstellen und für kolorimetrische oder absolutkolorimetrische Messungen benutzen. Da die Weite der Röhren nur 14 mm beträgt, so ist zur Füllung eines Röhrensystems von 1000 mm Länge nur eine Flüssigkeitsmenge von etwa 150 ccm erforderlich.

Zur Untersuchung sehr kleiner Flüssigkeitsmengen werden Mikrobecher in Verbindung mit Mikrostäben benutzt. Diese

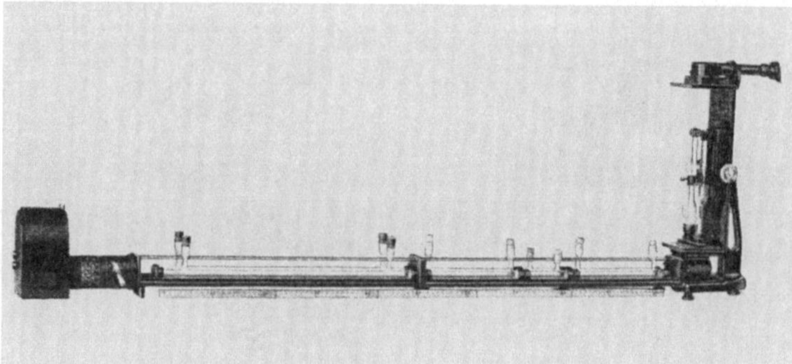

Abb. 10. Absolutkolorimeter mit Vorsatzeinrichtung für 1000 mm Schichtlänge

Becher haben ein kapillares Lumen und fassen für etwa 50 mm Tauchtiefe nur etwa 1 ccm Flüssigkeit. Zur Wahrung der optischen Symmetrie werden Mikrogefäße immer nur paarweise benutzt und immer mit kombinierten Stäben, so daß rechts und links immer gleiche Höhen kapillarer Flüssigkeitsschichten vorhanden sind.

In der anderen Stufe können dann aber (z. B. für die Graulösung) normale Becher und Stäbe verwandt werden (auch wieder in paariger Anordnung unter Wahrung vollkommener optischer Symmetrie).

Nur selten wird man zur Benutzung von Mikrobechern genötigt sein; dieser Fall tritt wohl nur bei biologisch-medizinischen Messungen auf, in denen nur begrenzte Mengen Versuchsflüssigkeit zur Verfügung stehen (siehe das Beispiel auf S. 142).

2. Die Graukeileinrichtung

Eine schematische Darstellung dieser Einrichtung gibt die Abb. 11[1]).

Zwei gleiche Keile (K_1 und K_2) aus annähernd neutralgrauem Glase sind so angeordnet, daß sie sich mittels eines Zahnrades (mit Triebknopf) und zweier Zahnstangen gleichzeitig und gleichförmig gegeneinander bewegen lassen. Mit dem Keil K_1 ist ein Nonius (*N*), mit dem Keil K_2 eine Skala (*Sk*) fest verbunden, und zwar so, daß nur die Nullpunkte von Nonius und Skala in bestimmter Lage zum zugehörigen Keil fixiert sind, während beide sich um ihren Nullpunkt drehen (schwenken) lassen. In der Normalstellung (Ausgangsstellung) von Skala und Nonius (in der Abbildung durch *Sk* und *N* dargestellt) laufen die Teilstriche beider, wie üblich, parallel, und die Ablesekante des Nonius gleitet beim Übereinanderschieben der Keile in der Richtung *DZ* senkrecht über die Teilstriche der Skala. Unter allen Umständen bewegt sich in derselben Richtung der Nullpunkt des Nonius vom Nullpunkte der Skala aus, wenn man die Keile übereinanderschiebt, ganz gleich, welche Lage Skala und Nonius in einem von der Ausgangsstellung abweichenden Zustande der Schwenkung sonst einnehmen.

In der Abb. 11 ist die dem Teilstriche 10,0 der Skala in Ausgangsstellung von Skala und Nonius entsprechende Stellung der Keile wiedergegeben. Ferner ist dargestellt (unter *Sk'*) eine Skalenstellung, die einer Drehung der Skala um den Winkel α entspricht. Praktisch wird diese Schwenkung so ausgeführt, daß die Skala um eine durch den Nullpunkt (bei *D*) gehende, senkrecht zur Skalenebene stehende Achse gedreht wird. Diese Drehachse steht in starrer Verbindung mit dem Keil K_2. Mit ihr ist auch fest verbunden ein Bogenstück (*B*), auf dem sich Marken be-

[1]) Zur Erhaltung der Übersichtlichkeit ist die Feinteilung der Skala nur in Drehstellung und nur so weit, als es zur Erläuterung der Wirkungsweise nötig ist, eingezeichnet.

finden, von denen die eine (M) der Skalenstellung Sk (der Ausgangsstellung oder Normalstellung), die andere (M') der Drehstellung der Skala (Sk') entspricht. Die Einstellung auf diese Marken erfolgt mittels eines Zeigers (Stellungen Z und Z').

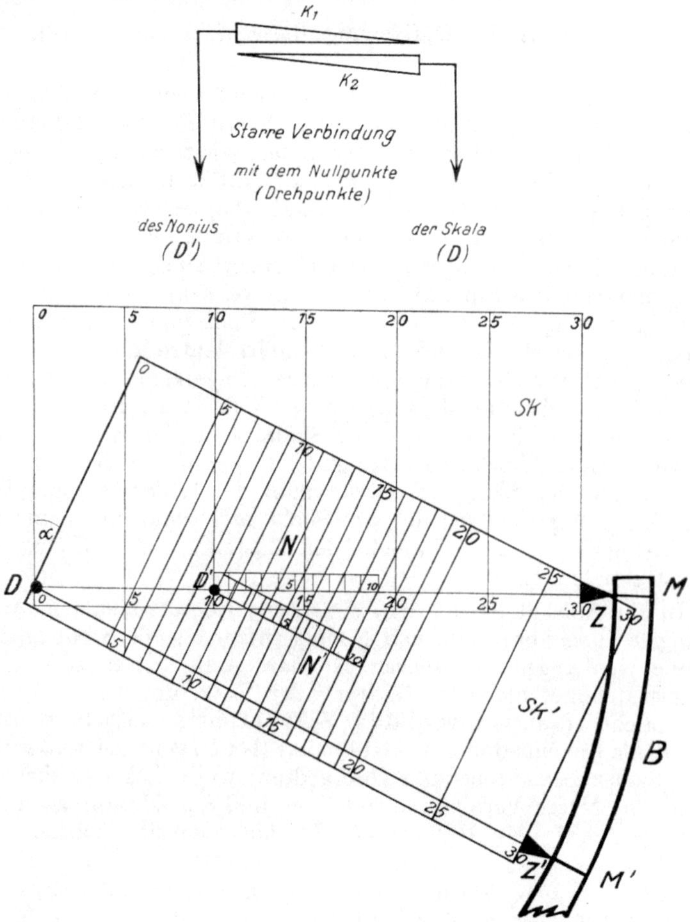

Abb. 11. Graukeileinrichtung. Schematische Darstellung

Wie man sieht, steht der Noniusnullpunkt bei der Ausgangsstellung der Skala genau auf dem Teilstriche 10, nach Schwenkung der Skala um den Winkel α aber genau auf dem Teilstriche 9. Das rührt daher, daß der Winkel α (mit 26^0) so gewählt ist, daß $\cos\alpha$ fast genau gleich 0,9 wird (s. die Darlegungen auf S. 19).

Mit Hilfe dieser Beziehungen ergibt sich die Möglichkeit, durch Marken auf dem Bogenstücke B diejenigen Skalenstellungen festzulegen, in denen für jedes einzelne Spektralfilter die Skalenteile der Keilverschiebung unmittelbar den Millimetern idealer Graulösung äquivalent sind. Man muß zu diesem Zwecke nur (durch Eichung) 20 Teilstriche der Skala äquivalent 20 mm Graulösung für die praktisch benutzte Spektralstelle maximaler Extinktion des Grauglases machen und die zu einem anderen Spektralfilter gehörige Marke so anbringen, daß $\cos\alpha = \frac{m_\lambda}{m_{\max}}$ wird, wobei m_λ den zum Filterschwerpunkte gehörigen Extinktionsmodul des Grauglases, $m_{\max}$ den Extinktionsmodul im Maximum der Grauglasextinktion bedeutet.

Eine einfache Überlegung und ein Blick auf die Abb. 11 lehrt, daß in Drehstellung der Skala die Ablesung von Zehntelteilstrichen bei Ausgangsstellung des Nonius nicht möglich ist. Das ist ja deswegen nicht zu erwarten, weil der unveränderte Abstand der Noniusteilstriche nicht mehr zu den durch die Drehung veränderten Teilstrichabständen der Skala paßt. Man kann hier aber in einfacher Weise Abhilfe schaffen, indem man die Bruchteile der veränderten Teilstrichabstände auf die Linie DZ' der gedrehten Skala projiziert, und dreht zu diesem Zwecke auch den Nonius um seinen Nullpunkt (D'), so daß seine Teilstriche mit denen der gedrehten Skala parallel verlaufen (Prüfung durch Augenmaß genügt). Dann liegt die Ablesekante des Nonius in Parallelstellung zur Linie DZ', und man kann nun die Teilstrichzehntel in gewöhnlicher Weise am Nonius ablesen. In der Abbildung ist die Drehstellung des Nonius bei N' dargestellt. Man erkennt die richtige Zuordnung der Noniusstellung daran, daß die Lage des Endpunktes (bei Teilstrich 18,0) genau der Lage des Nullpunktes (auf Teilstrich 9,0) entspricht.

Die Ablesung der Graukeilskala für beliebige Filter geschieht also in der Weise, daß man zunächst den Skalenzeiger (Z) auf die zugehörige Marke am Bogen *B* einstellt, den Nonius bis zur Parallelstellung der Teilstriche schwenkt und dann die ganzen Teilstriche am Noniusnullpunkte, die Zehntel an der geschwenkten Noniusskala abliest. Die Ablesung liefert unmittelbar, also ohne Umrechnung oder Korrektion, die Millimeter idealer Graulösung.

Hat man Extinktionswerte zu messen, die mehr als 20 mm Graulösung entsprechen (für die Ausgangsstellung der Skala), so schiebt man unter den Doppelkeil ein Zusatzgrauglas, eine

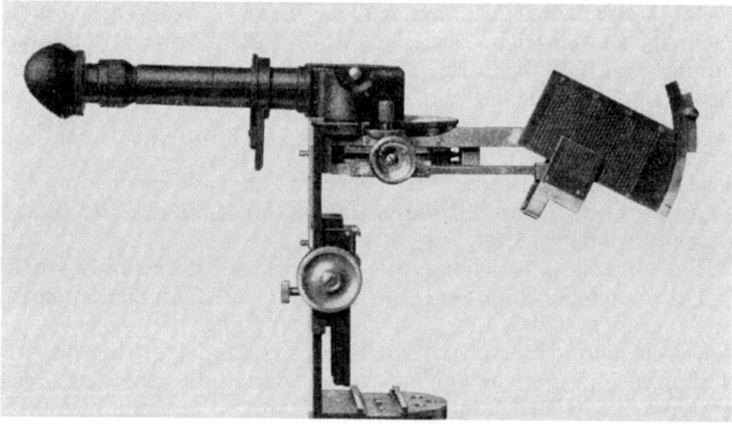

Abb. 12. Graukeileinrichtung, an einem dreistufigen Kolorimeter angebracht

planparallele Platte, deren Extinktion im Maximum der Grauglasextinktion gerade 20,0 mm Graulösung entspricht und beginnt nun beim Skalenteilstrich 0,0 mit dem Skalenwerte 20,0 + 0,0 mm Graulösung, so daß man jetzt Extinktionswerte bis zu 40,0 mm Graulösung messen kann. Wird nicht in Ausgangsstellung der Skala gemessen, sondern mit einer um den Winkel α geschwenkten Skala, so beträgt der Extinktionswert des Zusatzglases nicht 20,0, sondern $20{,}0 \cdot \cos \alpha$ mm Graulösung, und der höhere Meßbereich beginnt statt bei 20,0 mm Graulösung jetzt bei $20{,}0 \cdot \cos \alpha$ mm Graulösung. Dieser Anfangswert des höheren Meßbereiches ist bei jeder Filtermarke auf dem Bogenstück *B* mit angegeben.

Bei der Eichung der Graukeileinrichtung wird auf der anderen Seite des Kolorimeters zur Herstellung völliger optischer Symmetrie ein Kompensationssystem eingeschoben, das aus einem kurzen Graukeilpaare oder aus einem Paare von Grauglasplatten geeigneter Dicke besteht. Dieses Kompensationssystem ist auch bei allen Messungen mit den Graukeilen unentbehrlicher Bestandteil der Graukeileinrichtung. Benutzt man das Zusatzgrauglas, so schiebt man unter dem Kompensationssystem ein Plättchen aus gewöhnlichem Glase ein, um wieder optische Symmetrie herzustellen.

Die Abb. 12 zeigt die vollständige Graukeileinrichtung in Verbindung mit einem der üblichen (dreistufigen) Kolorimeter. Von letzterem ist nur die oberste Stufe zu sehen.

Es ist zu erwägen, ob man dem Extinktionswerte von 1 mm idealer Graulösung (= 0,05, unbenannte Zahl) als Maßeinheit einen besonderen Namen geben soll, etwa analog der Bezeichnung Torr (von Torricelli) für die Druckeinheit von 1 mm Quecksilbersäule. Ich möchte die Entscheidung dieser Frage noch aufschieben und vorläufig an der Einheit von 1 mm (oder auch 1 cm) idealer Graulösung festhalten, schon aus dem Grunde, weil ich die historische Bedeutung der Graulösung für das System der Absolutkolorimetrie dem Gedächtnis ihrer Benutzer einprägen will.

3. Lichtquellen und Lichtfilter

Es ist bereits erwähnt worden, daß man monochromatische Beleuchtung entweder durch Filterung weißen Lichtes oder (besser) durch Isolierung bestimmter Spektrallinien erhalten kann. Als Weißlichtquelle benutzt man im Kolorimeter eine Niedervoltlampe (gasgefüllte Metallfadenlampe), die bei geringer Überbelastung auch im kurzwelligen Teile des sichtbaren Spektrums noch eine genügende Helligkeit hinter den benutzten Spektralfiltern ergibt.

Die Spektralfilter SF 1 bis SF 11 bestehen aus angefärbten Gelatinefolien, die teils einzeln, teils in Zweierkombinationen in einer drehbaren Filterscheibe angebracht sind, so daß ein Wechsel der Filter sehr rasch und bequem erfolgen kann.

Die Filterschwerpunkte[1]) sind so gewählt, daß das ganze praktisch hauptsächlich benutzte Gebiet von etwa 430 bis etwa 675 mμ in annähernd gleiche Abschnitte geteilt wird und für alle Aufgaben der Praxis geeignete monochromatische Lichter zur Verfügung stehen.

Ist die Extinktionskurve eines analytisch zu bestimmenden farbigen Stoffes sehr steil, so zeigt sich bei absolutkolorimetrischen Messungen in dem nach Rot zu abfallenden Aste dieser Kurve eine Farbungleichheit der Gesichtsfeldhälften, die auf der nur beschränkten Monochromasie des gefilterten Lichtes beruht und durch die verschiedene Gestalt der Extinktionskurven von Versuchslösung und Graulösung verursacht wird[2]). Bei der gewöhnlichen Kolorimetrie mit Vergleichslösung kommt dieses Phänomen natürlich nicht vor.

In solchen Fällen (der Farbungleichheit) hilft man sich entweder dadurch, daß man Messungen im abfallenden Kurvenaste ver-

---

[1]) Über ihre Messung siehe A. Thiel und R. Diehl, Marb. Sitzungsber. **68**, 33 (1933).

[2]) Eine eingehende Erklärung bei A. Thiel und R. Diehl, Marb. Sitzungsber. **67**, 19 (1932).

meidet und ein Spektralfilter wählt, dessen Schwerpunkt in einen ansteigenden Kurvenast oder noch besser gerade ins Maximum der Kurve fällt, oder man geht zu streng monochromatischer Beleuchtung über, indem man eine selektiv strahlende Lichtquelle, wie die Quecksilberdampf-Quarzlampe, benutzt und durch geeignete Filter eine einzelne Spektrallinie (Liniengruppe) isoliert. Bei Quecksilberlicht stehen derartige Filter für die stärksten Emissionsstellen im Sichtbaren, nämlich die Linien (Liniengruppen)

Tabelle 1

Spektralfilter (SF)

Nr.	Schwerpunkt (mμ)	Halbwertbreite (mμ)	Durchlässigkeit im Maximum (%)
1	430	33	0,72
2	450	30	0,20
3	462	22	6,3
4	494	23	1,0
5	509	21	1,0
6	531	20	3,3
7	551	23	1,3
8	569	21	0,66
9	600	22	0,45
10	617	27	0,63
11	668	31	0,8

bei 436 mμ (violett), 546 mμ (grün) und 579 mμ (gelb) zur Verfügung. Diese Filter (QF 436 usw. genannt) sind Kombinationen geeigneter Farbgläser. Da diese nur in beschränkter Farbstärke herstellbar sind, müssen zur Erzielung einer guten Monochromasie zum Teil recht dicke Farbglasschichten benutzt werden. Dadurch werden diese Lichtfilter zu dick, um noch in der üblichen Filterscheibe Platz zu finden. Sie werden daher in Gestalt von Okularküvetten (auswechselbar) in das Fernrohr des Kolorimeters eingeschoben. Bei Benutzung der Filterküvetten ist die Filterscheibe natürlich in die Nullstellung zu drehen, d. h. so einzustellen, daß sich kein Folienfilter im Lichtwege befindet.

Übrigens besteht das Filter SF 11 aus einer Gelatinefolie, die zur Erzielung genügender Monochromasie noch mit einem Farbglase kombiniert werden muß; dieses wird ebenfalls in einer Okularküvette untergebracht, die also bei Benutzung des Filters SF 11 noch zusätzlich eingeschoben werden muß.

Die charakteristischen Eigenschaften der Spektralfilter (SF) und diejenigen der Quecksilberfilter (QF) sind in den Tabellen 1 und 2 zusammengestellt.

Tabelle 2

Quecksilberfilter (QF)

Bezeichnung	Wellenlänge (mμ)	Durchlässigkeit für die nebenstehende Wellenlänge %
QF 436	436	12
QF 436a [1])	436	6,6
QF 546	546	7,7
QF 579	579	11

[1]) Neue Filterkombination, bei der eine gewisse Beimischung etwas langwelligeren Lichtes (aus einem kontinuierlichen Streifen des Quecksilberdampfspektrums) weitgehend beseitigt ist. Mit diesem Filter lassen sich bei Stoffen mit steil abfallender Extinktionskurve (Pikrate, Chromate) noch Extinktionen vom Werte $E_{436\,m\mu} = 2$ ohne Störungen durch Ungleichfarbigkeit der Gesichtsfeldhälften messen.

4. Praktische Winke, insbesondere für das Meßverfahren der abgestimmten Schichthöhe

Oben (S. 10f.) ist gezeigt worden, daß man bei Einstellung der Versuchslösung auf eine für jede absolutkolorimetrische Methode aus Eichversuchen herzuleitende Schichthöhe den Gehalt der Lösung an dem zu bestimmenden Stoffe in zweckmäßig zu wählenden Einheiten (Mol/Liter, g/Liter, mg/100 ccm, γ/100 ccm usw.) unmittelbar an der Tauchtiefenskala der Graulösungsseite ablesen kann. Hierbei kann man entweder 1 mm oder 1 cm Schichthöhe der Graulösung als Einheit nehmen; dies ist im Einzelfalle besonders anzugeben.

Im allgemeinen soll man es so einrichten, daß bei der Messung nicht Graulösungsschichten herauskommen, die wesentlich unter 10 mm liegen. Denn dann ist die Genauigkeit der Bestimmung mit Rücksicht auf die Einstellfehler von etwa $\pm$ 0,1 mm nicht mehr mit rund $\pm$ 1% des Gehaltswertes gewährleistet. Anderseits verbietet sich aus technischen Gründen die Anwendung von solchen Schichthöhen auf der Versuchslösungsseite, denen auf der Graulösungsseite Schichthöhen von wesentlich mehr als 30 mm entsprechen würden. In solchen Fällen ist nämlich die Helligkeit im Gesichtsfelde schon so klein, daß sie für die meisten Beobachter keine sicheren Ablesungen mit der angegebenen Genauigkeit mehr gestattet. Am besten sorgt man also für Graulösungsschichten von 10 bis 30 mm bei der Ablesung.

Um das bei einer vorgeschriebenen abgestimmten Schichthöhe zu erreichen, muß man bei stark verdünnten Lösungen ein Mehrfaches des Normalwertes der abgestimmten Schichthöhe einstellen; hierbei wird man zweckmäßig ganzzahlige Vielfache der abgestimmten Schichthöhe wählen, um die Auswertung der Ablesung möglichst einfach zu gestalten.

Bei einer vielfachen abgestimmten Schichthöhe muß man nämlich den auf der Graulösungsseite abgelesenen Wert durch den Vervielfältigungsfaktor dividieren, um den Gehalt der Lösung zu finden. Umgekehrt muß man bei höheren Gehalten an dem Versuchsstoffe einen Bruchteil der vorgeschriebenen abgestimmten Schichthöhe nehmen, um auf der Graulösungsseite unter 30 mm Schicht zu bleiben. Das dort abgelesene Ergebnis ist dann mit dem auf der Versuchsseite angewandten Verkleinerungsfaktor zu multiplizieren.

Am klarsten werden diese Zusammenhänge durch einige Beispiele werden.

Es möge eine farbige Verbindung zur Bestimmung eines Stoffes benutzt werden. Die Vorschrift gebe an, daß bei Einstellung auf

Fall Nr.	Einstellung		Ergebnis (Gehalt)
	Versuchsseite	Grauseite	
1	15,4 mm	23,8 mm	23,8 mg/Liter
2	15,4 mm 30,8 mm	5,6 mm 11,4 mm	unsicher 5,7 mg/Liter
3	15,4 mm 7,7 mm	40,8 mm 20,5 mm	unsicher 41,0 mg/Liter
4	15,4 mm 1,5 mm zehnfach verdünnt: 15,4 mm	nicht meßbar 28,3 mm 29,4 mm	unbestimmt unsicher 294 mg/Liter

eine abgestimmte Schichthöhe von 15,4 mm jedem mm Graulösung ein Gehalt an dem Versuchsstoffe von 1 mg/Liter entspricht.

Ist bei einem unter Fall 2 gehörigen Beispiele die Konzentration so gering, daß über 60 mm Schicht angewandt werden müßten, um mehr als 10 mm Graulösung zu finden, dann ist die Verwendung der Vorsatzeinrichtung geboten. Ist anderseits die Konzentration so hoch, daß nur bei wenigen mm Versuchslösungsschicht überhaupt eine Messung möglich ist (Fall 4), so verdünnt man die Versuchslösung vor der Messung und multipliziert das Meßergebnis mit dem Verdünnungsfaktor.

Bei der Benutzung der Vorsatzröhren (namentlich der längsten) ist auf optische Reinheit des auf der anderen Seite eingefüllten

Lösungsmittels zu achten. Namentlich im Kurzwelligen können grobe Meßfehler schon durch schwache Trübungen verursacht werden. Diese sind also durch geeignete Maßnahmen zu beseitigen.

Eine häufig vorkommende Störung, die große Fehler zur Folge haben kann, ist Unsauberkeit der Becherabschlußplatten oder der Stabenden. Man erkennt solche Unzuträglichkeiten leicht daran, daß das Einjustieren auf gleiche Helligkeit bei Nullstellung der Stäbe ungewöhnliche Schwierigkeiten bereitet. Eine derartige Störung muß unbedingt vor der Messung beseitigt werden. Ferner kann es vorkommen, daß sich infolge von Undichtigkeit eines Becherabschlusses[1]) Flüssigkeit unter dem Becher (als Tropfen) sammelt oder gar auf den Spiegel abfließt. Dann entstehen ganz grobe Störungen in der Lichtführung. Am besten kontrolliert man den Apparat täglich wenigstens einmal auf ordnungsmäßige Beschaffenheit aller Teile.

Auch auf dauernde Erhaltung der Lampenjustierung darf man sich nicht verlassen, sondern muß diese öfter nachprüfen. Die Glühfäden der Weißlichtbirnen werden bei längerem Gebrauche deformiert, so daß die Lichtquelle eine andere räumliche Helligkeitsverteilung ergibt.

Die Empfindlichkeit einer absolutkolorimetrischen Meßmethode hängt von dem molaren Extinktionskoeffizienten der Versuchssubstanz (der ihr „Färbevermögen" bestimmt) ab. Je geringer die Konzentration ist, die bei einer gegebenen Schichtdicke (z. B. 10 mm) noch eine angemessene Schichthöhe (nicht wesentlich unter 10 mm) auf der Graulösungsseite erfordert, desto größer ist die Empfindlichkeit des Verfahrens.

Wir wollen annehmen, daß die abgestimmte Schichthöhe 25,4 mm betrage, und daß dann 1 mm Graulösung einer Konzentration der zu bestimmenden Substanz von 1 mg im Liter entspreche. Um eine exakte Messung ausführen zu können, müssen wir auf der Graulösungsseite rund 10 mm Schichthöhe oder mehr finden, d. h. also, die Lösung muß 10 mg (oder mehr) im Liter enthalten, wenn wir mit dem einfachen Betrage der abgestimmten Schichthöhe arbeiten wollen. Da wir ja aber nicht

[1]) Es empfiehlt sich (namentlich bei Mikrobechern), den unteren Becherrand, der durch die Verschraubung auf die Abschlußplatte aufgedrückt wird, mit einem Hauch von Vakuumfett zu versehen.

an diese gebunden sind, sondern sehr gut bis zum 20fachen Werte 508 mm, gehen können (wir rechnen hier nur mit Vorsatzlängen von 500 mm, also einer maximalen Länge von 560 mm), so würde man noch Konzentrationen von $^{10}/_{20} = 0{,}5$ mg im Liter oder 50 γ/100 ccm mit der normalen Genauigkeit von $\pm 1^0/_0$ quantitativ bestimmen können.

Zum sicheren Nachweise des gleichen Stoffes werden wir etwa $^1/_{10}$ der zur Messung erforderlichen Schichthöhe von Graulösung, also rund 1 mm, verlangen, so daß sich also die Empfindlichkeit der qualitativen Nachweisreaktion in dem gedachten Beispiele zu 0,05 mg/Liter oder 5 γ/100 ccm ergibt.

Die absoluten Mengen, die auf diese Weise quantitativ bestimmt oder sicher qualitativ nachgewiesen werden können, richten sich nach den Flüssigkeitsmengen, die man hierbei anwenden muß. Bei rund 25 mm Tauchtiefe braucht man etwa 4 ccm, bei einer Schichtlänge von etwa 500 mm rund 75 ccm, so daß also in beiden Fällen ungefähr der gleiche Wert, nämlich rund 40 γ im obigen Beispiel, für die quantitativ bestimmbare Menge, $^1/_{10}$ davon oder rund 4 γ für die qualitativ sicher nachweisbare Menge als Minimum herauskommt.

In dieser Weise sind die bei den einzelnen Methoden angegebenen Werte für die Empfindlichkeit der Meßmethode (nach Konzentration und absoluter Menge) wie auch für die der Nachweisreaktion (überall $^1/_{10}$ des ersteren Wertes) gewonnen.

Wenn bei einer Messung nur die Becher und Stäbe der einen Stufe benötigt werden, wie das bei der Verwendung der Graukeileinrichtung die Regel ist (s. S. 18 u. 30), beschickt man die Becher der anderen Stufe mit destilliertem Wasser und hebt das Stabpaar ein wenig an, um mit Sicherheit optische Symmetrie zu erzielen, oder entfernt (besser) Becher und Stäbe der überzähligen Stufe ganz.

In der Regel befindet sich das Meßkeilpaar, das immer rechts eingeschoben wird, gegenüber der Versuchslösung, die also in einen Becher der linken Seite kommt. Einige besondere Ausnahmefälle sind im praktischen Teile als solche hervorgehoben (Anwendung des „Verfahrens der Überkompensation mittels der Blindprobe").

ZWEITER TEIL

ABSOLUTKOLORIMETRISCHE BESTIMMUNGSMETHODEN

Vorbemerkungen

Die im folgenden angegebenen Analysenverfahren beruhen auf der praktischen Erprobung durch analytisch gründlich geschulte und bewährte Kräfte. Es ist nicht ausgeschlossen, daß in den Händen minder Erfahrener sich anfangs gewisse Abweichungen ergeben, die den Betrag der normalen Versuchsfehler übersteigen. Es ist hierbei insbesondere an die Laboratorien der Kliniken usw. zu denken, deren Personal wohl nicht durchweg die gleiche Routine besitzt, wie das der eigentlichen chemischen Laboratorien. Es ist daher dringend zu empfehlen, zur Gewöhnung an die Versuchstechnik und späterhin zur Kontrolle der erzielten Genauigkeit Substanzproben mit bekanntem Gehalte an den zu bestimmenden Stoffen (Standardlösungen) zu analysieren oder analysieren zu lassen, wobei die Stoffgehalte nach Möglichkeit den in der Praxis vorkommenden Werten anzupassen sind. Die auf diesem Wege gesammelte Erfahrung und erzielte Sicherheit kommt den Leistungen in der Praxis zugute.

Gleichzeitig stellt sich bei solchen Versuchen heraus, ob irgendwelche systematischen Fehler in der technischen Behandlung der Apparatur gemacht werden.

Im Falle auffälliger und unerwarteter Beobachtungen ziehe man die Originalliteratur zu Rate, in der sich vielfach noch spezielle Angaben finden, die mit Rücksicht auf den verfügbaren Raum nicht durchweg aufgeführt werden konnten.

A. Verfahren für allgemeine analytisch-chemische Zwecke

Natrium[1])

Bestimmungsform: Fällung als Natriumzinkuranylacetat,

$$NaZn(UO_2)_3(C_2H_3O_2)_9 \cdot 6\,H_2O,$$

Abtrennung, Auflösung in Natriumcitratlösung, Gelbfärbung des entstehenden Komplexes.

Literatur: L. Jendrassik und M. Halász, Biochem. Ztschr. **298**, 74 (1938).

Arbeitsvorschrift.

Reagentien.

Fällungsreagens: 20 g Uranylacetat + 60 g Zinkacetat (reinste, natriumfreie Präparate) sowie 60 ccm Eisessig werden in 320 ccm destilliertem Wasser unter leichtem Erwärmen gelöst. Die Lösung ist lichtempfindlich und wird in einer Flasche aus Jenaer Glas in einer lichtdichten Hülle (Pappe, Blech) aufbewahrt.

Waschalkohol: Gesättigte Lösung von Natriumzinkuranylacetat, hergestellt durch Schütteln des aus 2 ccm 0,1 n-NaCl-Lösung durch Fällung mit 4 ccm Fällungsreagens und 10 ccm 96%igem Alkohol gewonnenen Niederschlages, der zunächst (nach halbstündigem Stehen) abzentrifugiert und mit Alkohol gewaschen wird, mit 1/2 Liter 96%igem Alkohol und Aufbewahrung im Dunkeln. Nur die ganz klare überstehende Lösung wird benutzt; nötigenfalls ist durch ein aschefreie Filter (Schleicher und Schüll, Nr. 589 II, Weißband) zu filtrieren.

Versuchsdurchführung.

Die Versuchslösung, die frei von Schwermetallsalzen sowie von Salzen des Strontiums und Lithiums sein muß und auch keine größeren Mengen Kaliumsalze, in Gegenwart von Kaliumsalzen kein Sulfat, ferner keine merklichen Mengen von Phosphaten,

---

[1]) Über die Bestimmung des Natriums in Körperflüssigkeiten siehe S. 170 f.

Oxalaten oder Tartraten enthalten darf, soll einen Gehalt von nicht weniger als 120 γ und nicht mehr als 480 γ Na haben. Ihr Volumen soll 1 ccm nicht übersteigen. Verdünntere Lösungen müssen also zunächst eingeengt werden.

Man pipettiert die Substanzlösung in ein Zentrifugenröhrchen von 12 bis 15 ccm Fassungsvermögen, versetzt mit 2 ccm Fällungsreagens und 5 ccm 96%igem Alkohol, vermischt durch kräftiges Rühren mit einem Drahte, der dann an der Wandung abgestrichen und zur späteren Wiederverwendung aufbewahrt wird, verschließt das Röhrchen mit einem Gummistopfen und läßt mindestens eine Stunde lang (gegebenenfalls einen Tag lang) stehen, am besten im Eisschranke. Nach scharfem Zentrifugieren (3 Minuten mit 2500 Umdrehungen in der Minute) wird die überstehende Flüssigkeit möglichst vollständig mit einem Kapillarröhrchen an der Luftpumpe abgesogen. Dann wird mit 5 ccm Waschalkohol unter Aufwirbeln mit dem vorher benutzten Drahtrührer ausgewaschen, wiederum scharf zentrifugiert, die Flüssigkeit abgesogen, der letzte Tropfen durch Neigen des Röhrchens vom Niederschlage getrennt und ebenfalls durch Saugen entfernt. Zu dem praktisch trockenen Rückstande gibt man (aus einer Pipette) 10 ccm einer 20%igen Lösung von Natriumcitrat, löst unter Aufrühren mit dem vorher benutzten Drahte und läßt die Lösung $1^1/_2$ Stunden ruhig stehen. Die gesamte Behandlung des Niederschlages von seiner Fällung bis zu seiner Auflösung ist bei stark gedämpftem künstlichen Lichte, keinesfalls bei Tageslicht, durchzuführen. Die Endlösung ist in völliger Dunkelheit aufzubewahren.

Die Messung erfolgt dann mit Quecksilberlicht und Filter QF 436 gegen einen identisch behandelten Blindansatz (mit 1 ccm destilliertem Wasser statt der Substanzlösung bereitet) als Kompensationsflüssigkeit.

Abgestimmte Schichthöhe. Die Meßlösung wird in einer Schichthöhe von 44,4 mm angewandt. Dann zeigt 1 mm Graulösung einen Gehalt von 10 γ Na in der Meßlösung (10 ccm) und damit in der angewandten Substanzprobe an.

Empfindlichkeit der Methode. Das Beersche Gesetz ist nur in den oben angegebenen Gehaltsgrenzen (für 10 ccm Meßlösung) erfüllt. Man kann daher noch 120 γ Na in absoluter Menge quantitativ bestimmen und $^1/_{10}$ davon oder etwa $0{,}5 \cdot 10^{-6}$ Grammatom Na qualitativ mit Sicherheit nachweisen.

Kalium[1])

Bestimmungsform: Fällung als Hexanitrokobaltiat

$K_2NaCo(NO_2)_6$,

Abtrennung, Auflösung in Schwefelsäure, Diazoreaktion der salpetrigen Säure und Kuppelung

a) mit Sulfanilsäure + 1-Naphthylamin-2-sulfosäure oder
b) mit Novocain + α-Naphthylamin.

Literatur: Methode b: L. Jendrassik und F. Tabács, Biochem. Ztschr. **274**, 194 (1934), nach eigenen Versuchen etwas abgeändert. — Methode a: Modifikation der älteren Methode b nach einem Vorschlage von Dr. R. Diehl.

Methode a

Arbeitsvorschrift. Die Substanzprobe, die nicht mehr als 1 mg und nicht weniger als 0,01 mg Kalium enthalten soll, wird — nach Abtrennung störender Stoffe[2]) — in ein 12 bis 15 ccm fassendes Zentrifugenröhrchen gebracht und dort in 1 bis 2 ccm Wasser gelöst. Ist die Substanz in verdünnterer Lösung gegeben, so ist diese vorher auf höchstens 2 ccm einzudampfen. Man fügt zur Substanz im Zentrifugenrohr nacheinander 2 ccm einer 50%igen Natriumnitritlösung, 1 ccm einer 25%igen Kobaltnitratlösung und 1 ccm eines Gemisches aus 4 Raumteilen gesättigter Natriumacetatlösung (Bodenkörper: Trihydrat) und 1 Raumteil Eisessig und läßt die Mischung 10 bis 48 Stunden, am besten im Eisschrank, stehen.

---

1) Über die Bestimmung des Kaliums in Körperflüssigkeiten siehe S. 157 f.

2) Siehe die Lehr- und Handbücher der analytischen Chemie, z. B. W. Böttger, Qualitative Analyse, Engelmann, Leipzig 1925; vgl. auch Th. Döring, Analytische Chemie, Steinkopff, Dresden und Leipzig 1921. — Übersichtliche Materialsammlung: Tabellen der Reagenzien für anorganische Analyse (1. Bericht der Internationalen Kommission für neue analytische Reaktionen und Reagenzien), Akadem. Verlagsgesellschaft, Leipzig 1938.

Befand sich die Lösung der Substanz in einem anderen Gefäße, z. B. einem Kochbecher, in dem sie eingedampft wurde, so benutzt man die angegebenen Reagentien (statt Spülwasser!) in der gleichen Reihenfolge dazu, das Gefäß nach seiner Entleerung in das Zentrifugenrohr sorgfältig und systematisch auszuspülen, so daß keine Reste der Substanzlösung an der Wandung hängen bleiben, vielmehr die Substanz quantitativ in das Zentrifugenrohr übergeführt wird.

Die Abtrennung des gebildeten Niederschlages von der Mutterlauge erfolgt durch Schleudern (Zentrifugieren), und zwar etwa 2 Minuten lang mit etwa 1500 bis 2500 Umdrehungen in der Minute. Um zu verhüten, daß Anteile des Niederschlages, die häufig an der Oberfläche der Flüssigkeit oder an der Wandung des Gefäßes hängenbleiben und daher nicht zu Boden fallen, verloren gehen, gibt man vor dem Schleudern etwas feines Pulver von Jenaer Glas (durch Zerreiben sauberer Scherben im Porzellanmörser hergestellt), und zwar in einer Menge von etwa 20 mg, in das Schleuderglas. Das Glaspulver reißt den schwebenden oder sonstwie anhaftenden Niederschlag mit zu Boden und bewahrt ihn vor dem späteren Wiederaufschwimmen.

Nach dem Schleudern saugt man die Mutterlauge mittels eines dünnen Röhrchens an der Luftpumpe vorsichtig bis auf wenige mm Höhe ab, fügt 5 ccm Waschwasser hinzu, rührt den Bodensatz mit einem Glasstab auf, spült den Stab mit weiteren 5 ccm Wasser in das Schleuderglas hinein ab, schleudert wieder, wie oben angegeben, und wiederholt das Verfahren noch zweimal. Nach dem letzten Schleudern wird die Flüssigkeit so vollständig wie nur möglich abgesaugt.

Zu dem Bodensatze fügt man 0,5 ccm eisgekühlte Schwefelsäure von 95 Vol.-% und rührt mit einem Glasstabe zur vollständigen Lösung des Kalisalzes um. Dann gibt man einige (3 bis 4) ccm halbgesättigte Natriumacetatlösung hinzu und führt die Lösung in ein 10 ccm-Meßkölbchen über, spült mit weiteren 5 ccm der gleichen Lösung sorgfältig nach und füllt schließlich damit auch das Kölbchen bis zur Marke auf.

Nur 1 ccm dieser Lösung wird zur Farbstoffbildung verwandt. Diese wird folgendermaßen ausgeführt.

In ein 25 ccm-Meßkölbchen gießt man 5 ccm einer $^1/_2$%igen Lösung von Sulfanilsäure (5 g mit 15 ccm konzentrierter Salzsäure übergossen und durch Zusatz von 30 ccm kochendem destillierten

Wasser gelöst, schließlich mit destilliertem Wasser auf 1 Liter aufgefüllt), fügt dann die verdünnte Versuchslösung (1 ccm) hinzu, sowie 5 ccm einer $^{1}/_{3}$%igen Lösung von 1-Naphthylamin-2-sulfosäure (1 g in 300 ccm destilliertem Wasser gelöst; im Dunkeln aufbewahrt, lange haltbar). Nach 15 Minuten ruhigen Stehens werden 4 ccm konzentrierte Salzsäure zugegeben, wodurch die violettrote Farbe in ein stärkeres Violett übergeht. Nach dem Abkühlen auf Zimmertemperatur wird mit destilliertem Wasser bis zur Marke aufgefüllt. Diese Lösung dient unmittelbar zur absolutkolorimetrischen Messung.

Da die benutzten Reagentien — Präparate „zur Analyse" — niemals völlig kaliumfrei sind, muß eine Blindprobe (mit 2 ccm destilliertem Wasser an Stelle der Substanzlösung) in völlig identischer Weise durchgeführt werden. Die erhaltene Endlösung wird zur Kompensation des „natürlichen Kaliumgehaltes" der Reagentien benutzt, indem man eine gleich hohe Schicht der Blindprobenlösung gegen die Versuchslösung schaltet, d. h. auf der Seite der Graulösung oder des Graukeils (in den rechten unteren Becher der Abb. 7a) einfüllt.

Die Messung erfolgt mit weißem Licht und dem Filter SF 6 oder mit Quecksilberlicht und dem Filter QF 546. Die Farbgleichheit beider Gesichtsfeldhälften ist über das ganze benutzbare Konzentrationsintervall hin (bis zu etwa 30 mm Graulösung erfordernd) auch bei Verwendung von SF 6 in der erforderlichen Weise vorhanden. Bei zu hohen Farbstoffkonzentrationen (zu geringer Gesichtsfeldhelligkeit) verdünnt man die endgültige Lösung in angemessenem Verhältnis mit 2 n-Salzsäure und multipliziert für das Endergebnis die abgelesenen Werte mit dem Verdünnungsfaktor.

Abgestimmte Schichthöhe.

	Schichthöhe	1 mm Graulösung entspricht[1]	
für SF 6:	15,30 mm (38,25) ,,	1 γ K/100 ccm (0,4 γ K/100 ccm)	in der gemessenen Endlösung
für QF 546:	14,84 mm (37,10) ,,	0,25 γ K (0,1 γ K)	in der angewandten Substanzprobe

[1]) Die Klammerwerte gehören zu den Klammerwerten der abgestimmten Schichthöhen.

Empfindlichkeit der optischen Meßmethode[1]) (bei einer Schichtlänge von ca. 150 mm und bei der Verwendung der g a n z e n Substanzmenge [10 ccm Lösung] zur Reaktion):

Quantitativ bestimmbar (auf ca. 1 % genau) .... ca. 0,03 γ K;
Qualitativ sicher nachweisbar (auf ca. 10 % genau) ca. 0,003 γ K oder ca. 10^{-10} Grammatom.

Methode b

Arbeitsvorschrift. Der Arbeitsgang ist genau der gleiche wie bei Methode a, was die Fällung des Kaliumsalzes, seine Abtrennung von der Mutterlauge, die Behandlung des Niederschlages und seine Auflösung betrifft.

Die Herstellung des Farbstoffes geschieht ebenfalls in ganz analoger Weise aus 1 ccm der im Verhältnis 1 : 10 verdünnten Nitritlösung, mit dem Unterschiede, daß statt der Sulfanilsäurelösung 5 ccm einer Lösung von salzsaurem Novocain (3 g in 15 ccm Eisessig gelöst und mit destilliertem Wasser auf 100 ccm aufgefüllt) und statt der Naphthylaminsulfosäure 5 ccm einer Lösung von α-Naphthylamin (0,2 g mit 30 ccm destilliertem Wasser einige Minuten gekocht, heiß filtriert, das Filter zweimal mit je 30 ccm kochendem destillierten Wasser gewaschen, zum Filtrat 30 ccm Eisessig gesetzt und mit destilliertem Wasser auf 150 ccm aufgefüllt)[2]) benutzt werden. Die Reaktion nimmt man ebenfalls in einem 25 ccm-Meßkölbchen vor, das 45 Minuten nach der Mischung der Reagentien mit destilliertem Wasser zur Marke aufgefüllt wird.

Auch hier ist natürlich mit einer Blindprobenlösung gleicher Art zu kompensieren. Hinsichtlich der Verdünnung zu starker Farbstofflösungen gilt ebenfalls die bei der Methode a angegebene Vorschrift.

---

[1]) Ohne Rücksicht auf die Ausfällbarkeit des Kaliumsalzes. Diese ist noch bei einer Menge von ca. 10 γ K in der ursprünglichen Substanz sicher bis auf 1 % gewährleistet, wahrscheinlich noch erheblich weiter. Das steht nur scheinbar in Widerspruch zu den Angaben von A. Kawe, Z. f. anal. Chem. **115**, 387 (1939); denn hier sind die Fällungsbedingungen nicht die gleichen wie in der oben mitgeteilten Vorschrift.

[2]) Diese Lösung ist lichtempfindlich und nicht unbeschränkt haltbar (bei Aufbewahrung in brauner Flasche und im Dunkeln 8 Tage lang verwendbar).

Die etwas steiler verlaufende Extinktionskurve des nach der Methode b gebildeten roten Farbstoffes und die etwas ungünstigere Lage der Meßpunkte in dieser Kurve hat zur Folge, daß hier die Farbgleichheit der Gesichtsfeldhälften bei Anwendung von weißem Licht und Filter SF 6 im Falle höherer Farbstoffkonzentrationen zu wünschen übrig läßt, was die Genauigkeit der Messung benachteiligt. Es ist dann mithin der Gebrauch von Quecksilberlicht in Verbindung mit dem Filter QF 546 zu empfehlen.

Abgestimmte Schichthöhe.

	Schichthöhe	1 mm Graulösung entspricht	
für SF 6:	14,71 mm	1,0 γ K/100 ccm	in der gemessenen Endlösung
	(36,77) „	(0,4 γ K/100 ccm)	
für QF 546:	17,95 mm	0,25 γ K	in der angewandten Substanzprobe
	(44,88) „	(0,1 γ K)	

Empfindlichkeit der Methode. Es gelten die bei der Methode a angegebenen Werte.

Kupfer[1])

Bestimmungsform: a) Blaue Farbe des Tetramminkomplexes $Cu(NH_3)_4^{++}$. b) Braunrote Farbe des (kolloiden) Ferrocyanids $Cu_2Fe(CN)_6$. c) Braungelbe Färbung mit 1-Phenyl-semicarbazid ($C_6H_5NHNHNHCONH_2$). d) Rotfärbung mit Diäthyl-dithiocarbaminsaurem Natrium $(C_2H_5)_2NCSSNa$.

Literatur: Methode a: C. A. Goethals, Z. f. anal. Chem. **104**, 172 (1936); K. Dietrich und K. Schmitt, Z. f. anal. Chem. **106**, 23; 80 (1936); **109**, 25 (1937). — Methode b: A. Goethals, Z. f. anal.Chem. **104**, 174 (1936); — Methode c: U. Sarata, Japan. J. med. Soc. II. Biochem. **2**, 247 (1933). — Methode d: Th. Callan und J. A. R. Henderson, Analyst **54**, 650 (1929); W. D. Mc Farlane, Biochem. J. **26**, 1022 (1932).

Methode a

Arbeitsvorschrift. Die Substanz, die nicht mehr als 30 bis 40 mg Cu enthalten soll (andernfalls muß später verdünnt werden), wird in Lösung — ohne großen Säureüberschuß — mit 25 ccm Ammoniak ($d = 0{,}965$; ca. 8%) und 15 g Ammoniumnitrat sowie 0,2 g Weinsäure versetzt, die Mischung nach völligem Lösen im Meßkolben mit destilliertem Wasser auf 100 ccm aufgefüllt.

Ammoniak und Ammoniumnitrat müssen in so großer Menge angewandt werden, weil sie auf die Farbe des Komplexes einen Einfluß haben, der erst von einem gewissen Gehalt an konstant ist. Auch die Weinsäure ist optisch wirksam; sie dient dazu, in gewissen Fällen unerwünschte Ausscheidungen zu verhindern. Die Messung erfolgt mit weißem Licht und Filter SF 9. Die Farbgleichheit ist auch bei hohen Konzentrationen gut, weil das Maximum der ziemlich flachen Extinktionskurve bei 610 mμ, also dicht beim Filterschwerpunkte (600 mμ), liegt.

Abgestimmte Schichthöhe: 48,87 mm.

1 mm Graulösung zeigt 1 mg Cu in 100 ccm Lösung an.

---

[1]) Über die Bestimmung des Kupfers in Körperflüssigkeiten siehe S. 163.

Empfindlichkeit der Methode (bei ca. 500 mm Schichtlänge):

Quantitativ bestimmbar 1 mg in 100 ccm oder rund 0,75 mg Gesamtmenge (= ca. 10^{-5} Grammatom Cu).

Nachweisreaktion: 1 mg im Liter oder rund 75 γ Gesamtmenge (= ca. 10^{-6} Grammatom Cu).

Methode b

Arbeitsvorschrift. Da es sich um die Bildung einer kolloiden Lösung von Cupriferrocyanid handelt, soll die Lösung möglichst elektrolytarm sein, um eine Ausflockung des Kolloids zu verhüten; sie soll nicht mehr als die zehnfache Menge von fremden Salzen (bezogen auf die Menge des Kupfers) enthalten und insbesondere frei von Eisen und Zink sein, da diese selbst Ausscheidungen geben[1]), die störend wirken. Die Substanzlösung soll praktisch neutral reagieren.

Die Substanzlösung, die nicht mehr als 3 bis 4 mg Kupfer enthalten soll, wird in einem 100 ccm-Meßkolben mit so viel destilliertem Wasser verdünnt, daß ein Volumen von mindestens 50 ccm entsteht, und mit 1 ccm einer 0,1 m-Lösung von Kaliumferrocyanid versetzt (tropfenweise unter Umschütteln). Nach dem Auffüllen zur Marke wird möglichst bald gemessen. Das Reagens ist öfters frisch zu bereiten.

Zur Messung dient weißes Licht und Filter SF 4 oder (besser, wegen der vollkommeneren Farbgleichheit) Quecksilberlicht und Filter QF 436. Das Extinktionsmaximum liegt bei 477 mμ.

Abgestimmte Schichthöhe.

SF 4:	45,0 mm	1 mm Graulösung = 1 mg Cu im Liter
QF 436:	58,7 mm	= 0,1 mg Cu in der Substanz.

Empfindlichkeit der Methode (bei ca. 500 mm Schichtlänge):

Quantitativ bestimmbar
ca. 0,9 mg im Liter oder ca. 70 γ absolute Menge (SF 4);
ca. 1,2 mg im Liter oder ca. 90 γ absolute Menge (QF 436).

Qualitativ nachweisbar je $^1/_{10}$ der vorstehenden Mengen, d. h. untere Grenze ca. 10^{-7} Grammatom Cu (SF 4).

---

[1]) Die blaue Färbung von Berliner Blau liefert etwa 30% des Extinktion, die eine dem Eisengehalte gleiche Gewichtsmenge Kupfer gibt (bei SF 4).

Methode c

Arbeitsvorschrift. Diese Methode sollte man nur dann anwenden, wenn es darauf ankommt, kleinste Kupfermengen zu erfassen. Ihre Empfindlichkeit ist außerordentlich, aber es ist erforderlich, daß das Kupfer in Form einer neutralen Lösung als Salz einer starken Säure, am besten Salpetersäure, vorliegt. Wenn auch sehr viele anderen Salze die Reaktion nicht hindern, so wird die Färbung doch von vielen Fremdstoffen beeinflußt, so z. B. schon von Alkalisalzen in 0,2%iger Lösung[1]). Danach kann man die Methode unmittelbar mit einer Versuchslösung nur in solchen Fällen durchführen, in denen keine nennenswerten Mengen von Fremdstoffen vorhanden sind, wie z. B. zur Prüfung von Gebrauchswasser u. dgl. auf Kupfergehalt. In allen anderen Fällen muß das Kupfer zuvor abgetrennt (am besten durch Fällung als Sulfid) und als Nitrat zur Reaktion benutzt werden[2]). Die Empfindlichkeit der Reaktion erfordert auch, daß die benutzten Reagentien (auch das destillierte Wasser!) ihrerseits auf Kupfergehalt (in einer Blindprobe) geprüft werden.

Die Substanz, die nicht mehr als 0,4 mg Cu enthalten soll, wird in einem 100 ccm-Meßkolben mit 3 ccm einer 0,2%igen wässerigen Lösung von 1-Phenylsemicarbazid („Cryogenin Lumière")[3]) und 3 ccm einer 0,02%igen Bleiacetatlösung vermischt und 40 Minuten lang im Wasserbade auf 40° erwärmt. Nach dem Abkühlen wird mit destilliertem Wasser zur Marke aufgefüllt. Die Messung erfolgt mit SF 5 oder SF 6. Das Extinktionsmaximum des roten Farbstoffes liegt bei 525 $m\mu$, also nahe dem Schwerpunkte von SF 6 (531 $m\mu$).

Abgestimmte Schichthöhe.

SF 5:	50,5 mm	1 mm Graulösung = 10 γ Cu in 100 ccm
SF 6:	48,7 mm	(und in der angewandten Substanz).

---

[1]) Eine genaue Untersuchung störender Einflüsse bei U. Sarata, l. c., S. 251 f.

[2]) Ein Verfahren zur Isolierung des Kupfers weiter unten (S. 163).

[3]) Erhältlich bei E. Merck, Darmstadt. Die Lösung ist nur etwa eine Woche (in brauner Flasche und im Dunkeln!) haltbar.

Empfindlichkeit der Methode (bei ca. 500 mm Schichtlänge):

Quantitativ bestimmbar
ca. 10 γ Cu in 100 ccm,
ca. 8 γ Cu in absoluter Menge
(beides mit SF 5 und mit SF 6).

Qualitativ nachweisbar $^1/_{10}$ vorstehender Beträge, d. h.
ca. $1{,}2 \cdot 10^{-8}$ Grammatom Cu.

Methode d

Arbeitsvorschrift. Hinsichtlich des Anwendungsbereiches dieser Methode gilt im wesentlichen das, was bei der vorhergehenden Methode gesagt wurde. Da die Reaktion in ammoniakalischer Lösung durchgeführt wird, entfallen manche Störungen durch solche Substanzen, die durch Ammoniak gefällt werden[1]. Auch hier ist aber die Abtrennung des Kupfers und die Ausführung der Reaktion mit dem reinen Kupfersalze zu empfehlen. Die Zufügung eines Schutzkolloids (Tylose) dient zur Verhinderung einer Ausscheidung feinverteilten Schwefels.

Die Substanz soll nicht mehr als 0,4 mg Cu enthalten. Ihre Lösung wird in einem 100 ccm-Meßkolben mit 3 ccm einer 1%igen Lösung von „Tylose"[2] sowie 10 ccm Ammoniak (Dichte 0,93, ca. 17%) versetzt, worauf 2 ccm einer 0,5%igen wässerigen Lösung von diäthyldithiocarbaminsaurem Natrium[3] zugefügt werden. Nach dem Auffüllen auf 100 ccm kann sofort gemessen werden. Man benutzt am besten Quecksilberlicht und das Filter QF 436. Das Extinktionsmaximum der gelbbraunen Färbung liegt bei ca. 430 mμ.

Abgestimmte Schichthöhe (für QF 436):

Bei einer Schichthöhe von 46,3 mm entspricht 1 mm Graulösung 10 γ Cu in 100 ccm (und in der angewandten Substanz).

Empfindlichkeit der Methode. Sie ist fast genau die gleiche wie die der Methode c.

---

[1] Alkalisalze sollen nicht stören (nach Snell und Snell).

[2] Aus einer 3%igen Lösung von Tylose S 100 (Kalle & Co., Wiesbaden-Biebrich) durch Verdünnen und nachfolgende Klärung durch Zentrifugieren gewonnen. Tylose ist eine wasserlösliche Alkylzellulose.

[3] Das Reagens ist (in brauner Flasche und in Dunkeln) einige Wochen haltbar.

Magnesium[1])

Bestimmungsform: a) Blauer Farblack von kolloidem Magnesiumhydroxyd mit Chinalizarin (1.2.5.8-Tetraoxy-anthrachinon). b) Fällung als Magnesiumsalz der Phenylaminoazobenzol-p-sulfosäure (Tropäolin 00), Filtration, Lösen in Schwefelsäure, Absolutkolorimetrie des Tropäolins in seiner sauren (roten) Grenzform.

Literatur: Methode a: A. Thiel und E. van Hengel, Ber. **71**, 1157 (1938) unter Berücksichtigung neuerer Versuche von H. Heinrich (unveröffentlicht). — Methode b: K. Lang, Biochem. Ztschr. **253**, 215 (1932).

Methode a

Arbeitsvorschrift. Die Substanz, die nicht mehr als 0,1 mg Magnesium enthalten soll und von allen Fremdstoffen (mit Ausnahme der Alkalien) nach dem üblichen Analysengange befreit sein muß, weder stark sauer (Neutralisieren!) noch stark ammoniumsalzhaltig sein darf (Verglühen der Ammoniumsalze!), wird in einen 100 ccm-Meßkolben gebracht (als Lösung eingemessen oder im Kolben aufgelöst) und mit 10 ccm einer 5%igen Lösung von magnesiumfreiem Gummi arabicum (darüber weiter unten Näheres), sodann mit 10 bzw. 4 ccm einer Lösung von genau 10 mg Chinalizarin (klar löslich)[2]) in 100 ccm 96%igem Alkohol und endlich mit 10 ccm 2 n-Natronlauge vermischt, worauf mit destilliertem Wasser bis zur Marke aufgefüllt wird.

Die Messung ist sofort auszuführen, da die alkalische Lösung des überschüssigen Farbstoffs sich nur kurze Zeit unverändert hält (während der Farblack des Magnesiumhydroxyds sehr beständig ist).

Da die Extinktionswerte des entstandenen Farblack-Farbstofflösungsgemisches gegenüber den magnesiumfreien (und daher farblackfreien) alkalischen Farbstofflösungen Differenzen zeigen, die den Magnesiumgehalten nicht proportional sind, sondern zu

---

[1]) Über die Bestimmung des Magnesiums in Körperflüssigkeiten siehe S. 165 und 167.

[2]) Unter dieser Bezeichnung bei E. Merck, Darmstadt, erhältlich.

ihnen in einer weniger einfachen Beziehung stehen, die empirisch ermittelt werden mußte, so läßt sich hier das Verfahren der abgestimmten Schichthöhe nicht anwenden. Der Magnesiumgehalt der Lösung muß vielmehr aus einer der Tabellen entnommen werden, die weiter unten abgedruckt sind. Aus praktischen Gründen ist das der Messung zugängliche Gebiet der Magnesiumgehalte in zwei Abschnitte geteilt worden, von denen der eine die größeren, der andere die kleineren Magnesiummengen umfaßt. Bei ersteren wird eine größere, bei letzteren eine kleinere Menge Farbstoffreagens angewandt (damit keine zu großen Mengen freien Farbstoffes mitgemessen zu werden brauchen). Auch die angewandten Schichthöhen sind in den beiden Abschnitten verschieden: bei den größeren Magnesiumgehalten (von 200 bis 1000 γ Mg in 100 ccm Lösung) wird eine Schichthöhe der Versuchslösung von 25 mm angewandt, bei den kleineren (von 50 bis 350 γ Mg in 100 ccm Lösung) eine solche von 50 mm.

Die Messung erfolgt mit weißem Licht und Filter SF 9 (600 mμ). Das Extinktionsmaximum des (indigoblauen) Farblacks liegt gerade beim Schwerpunkte von SF 9, das der (violetten) alkalischen Farbstofflösung bei 555 mμ, und zwar nur bei etwa $^2/_3$ des Betrages, den die gleiche Farbstoffmenge als Lack aufweist. Bei 600 mμ ist der letztere etwas mehr als doppelt so farbtüchtig wie der freie Farbstoff in alkalischer Lösung.

Die Tabellen 1 und 2 geben die Grundlagen für die Auswertung der gemessenen Graulösungshöhen zur Bestimmung des Magnesiumgehaltes.

Bei der Messung muß eine Blindlösung (ohne Farbstoff und ohne Magnesiumgehalt, aber mit ebensolchem Alkoholgehalte, wie ihn die Farbstofflösung mitbringt) zur Kompensation der (leichten) Gummitrübung gegengeschaltet werden.

Eine sehr genaue Dosierung des Farbstoffs ist, wie leicht einzusehen, wesentlich. Man prüft daher die durch Auflösen von genau 10,0 mg Farbstoff in etwa 80 ccm 96 $^0/_0$igen Alkohol unter etwa 10stündigem Erwärmen auf 70° (im Wasserbade) bereitete und durch Auffüllen mit Alkohol im Meßkolben auf 100 ccm (bei Zimmertemperatur) gebrachte Lösung durch einen Eichversuch. Eine Mischung von 5 ccm magnesiumfreier Gummilösung, 5 ccm Farbstofflösung und 25 ccm Wasser wird in einem

50 ccm-Meßkolben bereitet, mit 5 ccm 2 n-Natronlauge versetzt und mit destilliertem Wasser zur Marke aufgefüllt. Gleichzeitig wird eine Kompensationslösung, ohne Farbstofflösung, aber mit 5 ccm Alkohol bereitet, in gleicher Weise hergestellt. Man mißt sofort in einer Schichthöhe von 20,0 mm mit weißem Licht und Filter SF 7. Ist die Farbstofflösung richtig angesetzt, so muß sie 21,4 mm Graulösung erfordern. Andernfalls ist die alkoholische Farbstofflösung zu korrigieren.

Magnesiumfreies Gummi arabicum ist leider im Handel nicht erhältlich; Versuche, es im großen zu reinigen und in fester Form magnesiumfrei zur Verfügung zu haben, sind mißlungen. Man muß sich daher selbst eine magnesiumfreie Gummilösung herstellen. Das gelingt zuverlässig in folgender Weise.

Man bestimmt zunächst durch einen Veraschungsversuch (im Platintiegel) die Menge des anorganischen Rückstandes von 1 bis 2 g einer Mischprobe aus einer größeren Menge Gummi arabicum in Stücken (beste Handelsware), das man im Porzellanmörser zerrieben hat. Der weiße Rückstand besteht hauptsächlich aus Calciumcarbonat und Magnesiumoxyd, auch etwas Kieselsäure. Die Reinigung erfolgt in 3 Stufen.

Je 10 g Gummi werden in 80 ccm Wasser auf dem Wasserbade unter Rühren gelöst und dann mit 5 ccm 2 n-HCl versetzt. Methylorange muß deutlich rot werden. Man fällt nun zunächst (auf dem Wasserbade) Mg und Ca als Phosphate. Zu diesem Zwecke werden auf je 10 g Gummi und je 1°/₀ Glührückstand dieses Gummis 0,85 g $Na_2HPO_4 \cdot 12\,H_2O$, in heißem Wasser (10 ccm) gelöst, zugefügt. Es darf jetzt noch kein Niederschlag ausfallen (saure Reaktion!). Nach Zugabe von 1 Tropfen Phenolphthaleinlösung (1°/₀) wird die Säure mit 10 ccm 2 n-Ammoniak, das tropfenweise zugefügt wird, beseitigt. Die Lösung muß jetzt eine schwache Rosafärbung zeigen. Man beläßt die Flüssigkeit auf dem Wasserbade, bis der Phosphatniederschlag sich abgesetzt hat, und läßt über Nacht bei Zimmertemperatur stehen. Die Lösung wird vom Niederschlage nach Möglichkeit abgegossen und 1 Stunde lang mit 3000 Umdrehungen in der Minute geschleudert. Die Lösung wird dann vom Bodensatze durch Dekantieren getrennt.

Die klare Lösung wird zur Entfernung des überschüssigen Phosphats mit 10 ccm 2 n-Essigsäure angesäuert, auf dem

Wasserbade erhitzt und mit einer heißen Lösung von 0,31 g $BaCl_2 \cdot 2\,H_2O$[1]) versetzt. Der jetzt bereits fallende Niederschlag von Bariumphosphat vermehrt sich bei dem nachfolgenden Alkalisieren der Lösung mit 15 ccm 2 n-Ammoniak. Die Lösung muß jetzt gegen Lackmus alkalisch reagieren. Bis zum Absitzen bleibt die Fällung auf dem Wasserbade. Dann läßt man erkalten und zentrifugiert wieder, wie oben angegeben. In gleicher Weise erfolgt auch die Trennung der Lösung vom Niederschlage.

Zur Fällung des überschüssigen Bariumsalzes säuert man die Lösung mit 5 ccm 2 n-Essigsäure an (Prüfung mit Lackmus) und gibt 0,44 g $Na_2SO_4 \cdot 10\,H_2O$[1]), in heißem Wasser gelöst, zu der auf dem Wasserbade erhitzten Flüssigkeit.

Die Behandlung der Fällung von $BaSO_4$ und die Abtrennung von der Mutterlauge geschieht genau wie die vorangegangene Abscheidung des Bariumphosphats.

Die nunmehr vorliegende gereinigte Gummilösung wird quantitativ in einen 200 ccm-Meßkolben gebracht und dort mit destilliertem Wasser zur Marke aufgefüllt. Die entstehende Lösung ist magnesiumfrei und enthält 5% Gummi. Sie darf, in genau gleicher Weise, wie oben für die eigentliche Analyse vorgeschrieben, behandelt, bei Kompensation durch eine farbstofffreie Blindlösung hinter Filter SF 9 in einer Schichthöhe von 25 mm nur 16,0 mm Graulösung erfordern. Ein etwaiger Magnesiumgehalt erhöht diesen Wert (siehe die Tabelle 1).

Genauigkeit der Methode. Wie die Werte der Tabellen 1 und 2 erkennen lassen, hängt die Genauigkeit vom Magnesiumgehalte ab. Je nach seinem Betrage entspricht einem Einstellfehler von 0,1 mm Graulösung ein Fehler im Magnesiumgehalte von rund 4% (Anfang der Tabelle 2) bis rund 3% (Ende der Tabelle 2) bzw. von rund 1,5% (Anfang der Tabelle 1) bis rund 2% (Ende der Tabelle 1).

Empfindlichkeit der Methode. Die Verwendbarkeit zu quantitativen Messungen ist durch den Bereich der Tabelle 2 nach unten hin ziemlich erschöpft. Qualitativ sicher nachweisbar sind allerdings noch ca. 10 γ Mg in 100 ccm Lösung, d. h. ca. $5 \cdot 10^{-7}$ Grammatom in 100 ccm oder, da man für eine Schichthöhe von 50 mm

---

[1]) Diese Menge entspricht 0,85 g $Na_2HPO_4 \cdot 12\,H_2O$ und ist im gleichen Verhältnis wie das Phosphat zu vermehren oder zu vermindern.

rund 10 ccm Lösung benötigt, rund 1 γ oder $5 \cdot 10^{-8}$ Grammatom Mg absolut.

Tabelle 1

Größere Magnesiumgehalte. Schichthöhe der Versuchslösung 25 mm. Umrechnung von mm Graulösung in Magnesiumgehalte (γ in 100 ccm)

Graulösung	Zehntelmillimeter										Magnesiumgehalt (γ/100 ccm)
mm	0	1	2	3	4	5	6	7	8	9	
22	200	203	206	209	212	215	218	221	224	227	
23	230	233	236	240	243	246	250	253	256	260	
24	263	266	270	273	276	280	284	288	292	296	
25	300	304	308	312	316	320	324	328	332	337	
26	342	347	352	358	364	370	376	382	388	394	
27	400	406	412	418	425	432	439	446	453	460	
28	468	476	484	492	500	508	516	524	532	540	
29	550	560	570	580	590	600	610	620	630	640	
30	652	664	677	690	705	720	735	750	765	782	
31	800	818	836	855	875	895	915	935	955	977	
32	1000	—	—	—	—	—	—	—	—	—	

Tabelle 2

Kleinere Magnesiumgehalte. Schichthöhe der Versuchslösung 50 mm. Umrechnung von mm Graulösung in Magnesiumgehalte (γ in 100 ccm)

Graulösung	Zehntelmillimeter										Magnesiumgehalt (γ/100 ccm)
mm	0	1	2	3	4	5	6	7	8	9	
19	50	52	54	56	59	61	64	66	68	71	
20	74	76	79	81	84	87	91	94	97	100	
21	103	107	111	115	119	123	127	131	135	140	
22	145	150	154	158	163	168	173	178	183	188	
23	194	200	205	210	216	222	229	235	242	250	
24	258	265	274	282	290	300	310	320	329	339	
25	350	—	—	—	—	—	—	—	—	—	

Praktische Hinweise, insbesondere für die **Leichtmetallanalyse.** Bei der Trennung des Magnesiums vom Aluminium ist Vorsicht geboten, da ein Niederschlag von $Al(OH)_3$ leicht Magnesium (als

Hydroxyd) einschließt. Man muß größere Mengen $Al(OH)_3$ nochmals in Natronlauge lösen, wobei das festgehaltene $Mg(OH)_2$ frei wird. Bei Al-reichen Legierungen ist es zweckmäßig, das Metall von vornherein nicht in Säure, sondern in Lauge zu lösen, wobei das Magnesium zusammen mit anderen in Lauge nicht löslichen Bestandteilen zurückbleibt.

Methode b

Arbeitsvorschrift. Mit Rücksicht auf die große Empfindlichkeit der Methode sollte die Substanz nicht mehr als 0,01 mg Magnesium enthalten; andernfalls muß man vor der Messung noch verdünnen, um nicht zu große Extinktionswerte zu finden.

Die Substanz darf keine anderen Metalle außer Na und K enthalten; das Mg ist also auf dem üblichen Wege der Analyse zu isolieren. Zur Bestimmung von Mg in Legierungen, die wesentliche Mengen Al enthalten, löst man zweckmäßig in Natronlauge, wobei das Mg mit anderen Legierungsbestandteilen ungelöst zurückbleibt, löst den abfiltrierten Rückstand in möglichst wenig mäßig verdünnter Salzsäure, macht mit Ammoniak alkalisch und fällt Mangan (und Eisen) durch Zugabe von Hydroperoxyd (Abfiltrieren, Wiederauflösen und nochmalige Fällung). Das Filtrat wird zur Vertreibung des Ammoniaks und zur Zerstörung des Peroxyds etwas eingekocht und schließlich im Meßkolben auf 250 ccm gebracht. Eine Menge der Lösung, die nicht mehr als 10 γ Mg enthält, wird dann zur Fällung des Mg benutzt.

Die neutrale Substanzprobe (nicht mehr als 5 ccm Flüssigkeit) wird in einem Reagensglase mit Schliffstopfen durch einen Tropfen verdünntes Ammoniak alkalisch gemacht und mit 1 ccm einer frisch filtrierten gesättigten wässerigen Lösung von Tropäolin 00 (Natriumsalz der Phenylaminoazobenzol-p-sulfosäure) versetzt, verschlossen und einige Minuten in ein siedendes Wasserbad gestellt. Dann bringt man das Gefäß für eine Stunde zur Kühlung in Eiswasser. Der entstandene Niederschlag des Magnesiumsalzes wird mit Hilfe einer Jenaer Glassinternutsche G 4 von 20 mm Durchmesser und 30 mm Höhe an der Wasserstrahlpumpe abfiltriert und 4- bis 5mal mit eiskaltem Wasser nachgespült und gewaschen. Zur Lösung des Niederschlages saugt man 5 ccm Schwefelsäure (90%) durch die Nutsche unmittelbar in ein 25 ccm-

Meßkölbchen hinein und wäscht mit destilliertem Wasser den Farbstoff sorgfältig vom Filter. Den Inhalt des Meßkölbchens kühlt man auf Zimmertemperatur ab und füllt zur Marke auf.

Die Messung erfolgt mit weißem Licht und Filter SF 6 oder mit Quecksilberlicht und Filter QF 546. Findet man zu hohe Graulösungswerte, so ist die Versuchslösung in bestimmtem Verhältnis mit 10%iger Schwefelsäure zu verdünnen und das Meßergebnis dann mit dem Verdünnungsfaktor zu multiplizieren.

Der Farbstoff (in seiner sauren Grenzform) hat sein Extinktionsmaximum bei 527 mμ.

Die Anstellung einer Blindprobe als Kompensationsflüssigkeit ist bei der großen Empfindlichkeit der Reaktion ratsam.

Abgestimmte Schichthöhe.

Für SF 6: 9,50 mm
Für QF 546: 10,20 mm
} 1 mm Graulösung entspricht 1 γ Mg in 100 ccm = 0,25 γ Mg in der Substanzprobe.

Empfindlichkeit der Methode (bei ca. 500 mm Schichtlänge).

Quantitativ bestimmbar:

0,2 γ Mg in 100 ccm oder 0,15 γ Mg absolut (für beide Filter).

Qualitativ sicher nachweisbar:

$^1/_{10}$ der vorstehenden Werte (ca. $6 \cdot 10^{-10}$ Grammatom Mg).

Quecksilber

Bestimmungsform: Lösung des roten Komplexes (2 : 1) von Thioharnstoff mit dem Mercurisalz der (hypothetischen) „Reinecke-säure" $[H \cdot Cr((NH_3)_2(CNS)_4]$ in Methyläthylketon.

Literatur: Bestimmung des Quecksilbers als „Reineckat" siehe C. Mahr, Z. f. anal. Chem. **104**, 241 (1936); Verwendung dieser Verbindung für die Absolutkolorimetrie durch Überführung des Komplexes in ketonische Lösung nach C. Mahr (Originalmitteilung noch unveröffentlichter Ergebnisse)[1].

Arbeitsvorschrift. Die Substanz, die nicht mehr als 4 mg Hg und von sonstigen Metallen, die häufiger mit Quecksilber zusammen vorkommen, kein Silber, Gold und Thallium enthalten soll, wird in warmer, für HCl etwa 0,5 normaler Lösung durch Zutropfenlassen einer frisch bereiteten und filtrierten Lösung von Reineckesalz gefällt. Der Niederschlag wird nach kurzem Stehen durch ein Glasfrittenfilter abfiltriert und nach dem Auswaschen mit heißem Wasser trocken gesaugt. Man gibt dann etwas pulverisierten Thioharnstoff auf den Niederschlag, übergießt ihn mit Methyläthylketon (I.G.-Präparat, einmal destilliert), das 1 bis 2⁰/₀ Thioharnstoff gelöst enthält, filtriert die entstehende rote Lösung in einen Meßkolben von 10 ccm, wäscht mit Thioharnstoffketonlösung nach und füllt mit reinem Keton zur Marke auf.

Die Messung erfolgt mit weißem Licht und Filter SF 6.

Abgestimmte Schichthöhe. Bei 49,0 mm Versuchslösung entspricht jedes mm Graulösung einer Konzentration von 1 mg Hg in 100 ccm Lösung, also einer Menge von 0,1 mg Hg in der (zu 10 ccm Endlösung verarbeiteten) Substanz. Beträgt das Volumen der Endlösung ein Mehrfaches von 10 ccm, so ist das abgelesene

---

[1]) Ich danke Herrn Kollegen Mahr dafür, daß er mir diese Methode, die den ersten Fall einer Verwendung nichtwässeriger Lösungen von Komplexverbindungen schwerlöslicher Fällungen bildet, zur Verfügung gestellt hat. Die Verwendung der Methode für die Absolutkolorimetrie von Kupfer und von Cadmium steht in Aussicht.

Ergebnis mit dem Vervielfältigungsfaktor von 10 ccm zu multiplizieren, wenn man die Menge des Quecksilbers in der angewandten Substanz finden will.

Empfindlichkeit der Methode.

Quantitativ bestimmbar:

1 mg Hg in 10 ccm (zugleich in absoluter Menge).

Qualitativ sicher nachweisbar:

$^1/_{10}$ der vorstehenden Mengen (ca. $5 \cdot 10^{-6}$ Grammatom Hg).

Aluminium

Bestimmungsform: Roter Farblack des Hydroxyds mit Eriochromcyanin R (Dimethylsulfo-oxyfuchson-dicarbonsäure-trinatriumsalz, $C_{23}H_{15}O_9SNa_3$).

Literatur: F. Alten, B. Wandrowski und E. Hille, Angew. Chem. **48**, 273 (1935); E. Eegrive, Z. f. anal. Chem. **108**, 268 (1937); T. Millner, (und F. Kúnos), Z. f. anal. Chem. **113**, 83; 102 (1938); G. Gad und K. Naumann, Ref. Z. f. anal. Chem. **113**, 145 (1938); H. Ginsberg, Angew. Chem. **51**, 663 (1938); W. Koch, Techn. Mitt. Krupp, Forschungsber. **1938**, 43.

Allgemeines. Der hier benutzte Farblack zeigt die Eigentümlichkeit, daß bei Einhaltung der angegebenen Vorschrift die Extinktion streng proportional dem Aluminiumgehalt (in gewissen Grenzen) ist, d. h. daß das Beersche Gesetz erfüllt ist (eine nicht von vornherein zu erwartende Eigentümlichkeit — siehe die völlig anderen Eigenschaften des Farblacks von Magnesiumhydroxyd, S. 59). Infolgedessen läßt sich bei dieser Methode das Verfahren der abgestimmten Schichthöhe anwenden.

Die optimalen Bedingungen für die Farblackbildung sind bei der Säurestufe 5,4 erreicht; diese ist also bei dem Meßverfahren innezuhalten. Ferner muß der zu diesem Zwecke angewandte Acetatpuffer mit Essigsäure und Natriumacetat bereitet werden, nicht mit Ammoniumacetat, wenn man eine möglichst hohe Empfindlichkeit der Methode anstrebt.

Titan, Zirkon, Kupfer, Eisen, Mangan (in größeren Mengen), Magnesium und Phosphorsäure stören die Reaktion und müssen daher auf einem der üblichen analytischen Wege entfernt werden. Man kann sich hierzu u. a. eines elektrolytischen Verfahrens bedienen[1]). Chrom, Nickel, Wolfram, Molybdän und Vanadium,

---

[1]) W. Koch, Technische Mitteilungen Krupp, Forschungsberichte **1938**, 43. Die dabei benutzte Apparatur (mit Quecksilberkathode), die keiner besonderen Erläuterung bedarf, ist in Abb. 13 dargestellt. Hersteller: Ströhlein u. Co., Düsseldorf.

also häufig vorkommende Bestandteile legierter Stähle, geben keine Störungen[1]).

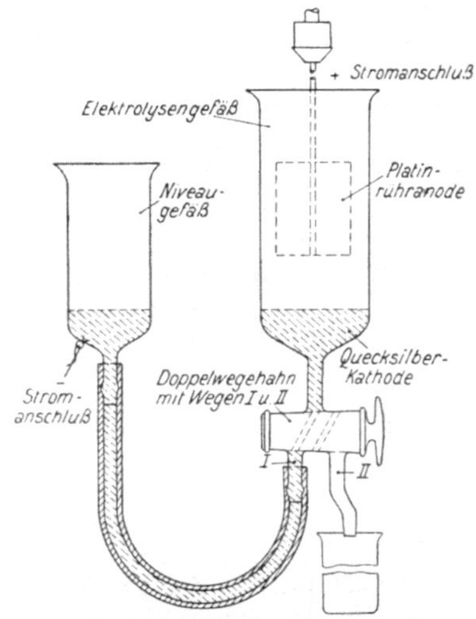

Abb. 13. Elektrolysiergefäß nach W. Koch

Arbeitsvorschrift. Als Reagentien dienen

1. Eine wässerige 0,1%ige Lösung von Eriochromcyanin R konz. (Dr. G. Grübler & Co., Leipzig), in brauner Flasche im Dunkeln aufzubewahren;
2. 2 n-Natronlauge (aus reinstem Merckschen Präparat), in paraffinierter Flasche aufzubewahren;
3. 0,2 n-Essigsäure;
4. Acetatpuffer der Stufe 5,4, enthaltend 14,2 g Natriumacetat zur Analyse (Trihydrat) und 1,74 g Eisessig im Liter.

Die Substanzlösung, etwa 5 ccm, die nicht mehr als 15 γ Al enthalten und schwach salzsauer sein soll, wird in einem 25 ccm-Meßkolben (aus einer Mikrobürette) mit 1,50 ccm Reagenslösung (1) und dann durch Zutropfen (aus einer Bürette) mit so viel 2 n-

[1]) Siehe W. Koch, l. c.

Natronlauge versetzt, daß eine blauviolette Färbung entsteht. Unter Umschütteln gibt man dann (aus einer Bürette) tropfenweise 0,2 n-Essigsäure zu, bis eine blaßgelbe Färbung entstanden ist. Nunmehr fügt man 15 ccm Acetatpuffer hinzu und füllt mit destilliertem Wasser zur Marke auf.

In einem anderen 25 ccm-Meßkolben wird aus denselben Reagentien in genau der gleichen Menge und in völlig gleicher Weise eine Kompensationslösung gemischt, die nur kein Aluminium enthält.

Vor der Ausführung der Messung muß die Lösung 10 Stunden lang (z. B. über Nacht) stehen bleiben.

Die Messung erfolgt mit weißem Licht und Filter SF 6 unter Kompensation mit der Lösung der Blindprobe in gleicher Schichthöhe.

Abgestimmte Schichthöhe. Die Versuchslösung wird in einer Schichthöhe von 28,9 mm angewandt. Es entspricht dann 1 mm Graulösung einem Gehalte von 1 γ Al in 100 ccm Versuchslösung (0,25 γ in der abgemessenen Probe).

Empfindlichkeit der Methode. Bei ca. 500 mm Schichtlänge noch quantitativ bestimmbar: ca. 0,6 γ Al in 100 ccm Lösung oder ca. 0,45 γ absolut. Empfindlichkeit der Nachweisreaktion: $^1/_{10}$ der vorstehend angegebenen Beträge (ca. $2 \cdot 10^{-8}$ Grammatom Al).

Silicium (Kieselsäure)

Bestimmungsform: a) Gelbfärbung durch Silicomolybdänsäure. b) Blaufärbung mittels der Molybdänblaureaktion.

Literatur: Methode a: H. Pinsl, Archiv f. d. Eisenhüttenwesen **9**, 223 (1935); H. Strohecker, R. Vaubel und K. Breitwieser, Z. f. anal. Chem. **103**, 1 (1935); I. P. Alimarin und V. S. Zverev, Mikrochemie **22**, 89 (1937). — Methode b: M. Cerný, Ztschr. f. d. Zuckerindustrie der Tschecho-Slov. Republik **59** (**16**), 273 (1935).

Methode a

Die Methode beruht auf der Bildung eines gelben Komplexes zwischen Kieselsäure und Molybdänsäure $[H_4(SiMo_{12}O_{40}) \cdot n H_2O]$ (?). Ihre Empfindlichkeit ist mäßig. Gleichwohl wird sie wegen der relativ einfachen Ausführbarkeit vielfach gute Dienste leisten, insbesondere bei nicht zu geringen Siliciummengen, wie sie z. B. in technischem Eisen und Stahl vorliegen[1]).

Phosphorsäure stört (ebenso wie Arsensäure) durch die Bildung eines analogen, ebenfalls gelben Komplexes. Wo sie neben Kieselsäure vorkommt, muß sie im Reaktionsgange entfernt werden. In manchen Fällen, wie bei der Analyse von Wässern, kann der Reaktionsgang unmittelbar mit der Zufügung von Ammoniummolybdat und Säure beginnen, also auf die vorangehende Behandlung verzichten.

In dem (selteneren) Falle der Gegenwart von Fluoriden, die ebenfalls Störungen verursachen, müssen diese mit Aluminiumchlorid entfernt werden (Näheres bei Alimarin und Zverev, l. c.).

---

[1]) Eine allgemein verwendbare Vorschrift dafür existiert leider noch nicht. Die hier noch vorhandenen Schwierigkeiten beruhen wahrscheinlich auf den verschiedenen Zuständen, in denen sich das Silicium in den verschiedenen Legierungen befindet, und dem darauf beruhenden verschiedenen Umfange, in dem die Überführung in gelöste Kieselsäure beim nassen Aufschließen der Legierung erfolgt.

Da die absolutkolorimetrische Messung mit violettem Licht erfolgen muß und daher sehr empfindlich gegen Trübungen ist, kann man auf sorgfältigste Klärung der Lösungen (unter Umständen durch geeignete Filtration) nicht verzichten und wird im übrigen z. B. bei der Analyse von Wässern, das Versuchsobjekt (nach gleichartiger Behandlung, aber ohne Molybdatzusatz) zur Kompensation gegenschalten.

Unstimmigkeiten, die gelegentlich als Abweichung vom Beerschen Gesetze gedeutet worden sind, beruhen auf der Verwendung nicht genügend monochromatischen Lichtes. Da die Extinktionskurve der gelben Färbung im ganzen sichtbaren Gebiete abfällt, entstehen bei mangelhafter Monochromasie merkliche Fehler. Es ist daher gerade in diesem Falle die Verwendung streng monochromatischen Lichtes (Quecksilberlicht mit Filter QF 436 oder noch besser 436 a) unerläßlich.

Arbeitsvorschrift (bei Abwesenheit von Phosphorsäure und von Schwermetallen). Die Substanz, die nicht mehr als 4 mg SiO_2 (frei gelöst oder als lösliches Silikat) enthalten soll, wird in einem 100 ccm-Meßkolben mit 5 ccm einer wässerigen Lösung von 10 g Ammoniummolybdat (zur Analyse, Merck) in 100 ccm vermischt und dann mit $^1/_2$ ccm konz. Salzsäure versetzt, worauf mit kieselsäurefreiem destillierten Wasser zur Marke aufgefüllt wird. Nach 5 Minuten kann gemessen werden (unter Kompensation mit einer ohne Molybdat angesetzten Blindprobenlösung).

Abgestimmte Schichthöhe.

Bei 65,4 mm Versuchslösung entspricht 1 mm Graulösung einem Gehalte von 0,1 mg SiO_2 in 100 ccm der Endlösung, also auch in der angewandten Substanz.

Empfindlichkeit der Methode (bei ca. 500 mm Schichtlänge).

Quantitativ meßbar:

ca. 120 γ SiO_2 in 100 ccm und ca. 90 γ in absoluter Menge.

Qualitativ nachweisbar:

ca. $^1/_{10}$ der vorstehenden Mengen (also ca. $1{,}5 \cdot 10^{-7}$ Mol SiO_2).

Methode b

Diese Methode dient zur Bestimmung kleinerer Silicium- (Kieselsäure-) Mengen, wie sie in Flüssigkeiten verschiedener Art, auch in organischem Material, vorkommen. Da die zur Messung dienende Molybdänblaufärbung durch Reduktion in ganz bestimmter Weise (auch mit bestimmten Reagentien) hervorgerufen werden muß, werden reduzierende Stoffe, die in der Substanz vorhanden sind, vorher durch Oxydation (mit Permanganat) beseitigt. Vermutlich wird die Zerstörung organischer Substanz, wie sie für Körperflüssigkeiten bei der Kupferbestimmung (S. 163) angegeben ist, mit nachfolgender Neutralisation der Schwefelsäure, auch bei der Kieselsäurebestimmung gute Dienste leisten können.

Die Methode ist auch brauchbar in Gegenwart sonst störender Phosphatgehalte, die hier in Mengen vom Zwanzigfachen der Kieselsäuremenge keinen störenden Einfluß ausüben.

Arbeitsvorschrift. Die Substanz, die nicht mehr als 0,15 mg SiO_2 (frei oder als Silikat gelöst) enthalten soll, wird in einem 50 ccm-Meßkolben mit 4 ccm einer 5%igen Lösung von Ammoniummolybdat (Präparat wie bei Methode a), dann mit 0,5 ccm konzentrierter Salzsäure versetzt, umgeschüttelt und 1 Minute lang stehen gelassen. Hierauf werden 2 ccm Citratlösung (20 g Citronensäure in etwa 50 ccm destilliertem Wasser gelöst, mit konz. Ammoniak neutralisiert und mit Wasser auf 100 ccm aufgefüllt) zugefügt, wodurch ein nach Zusatz der Salzsäure gebildeter weißer Niederschlag wieder gelöst wird; zu diesem Zwecke läßt man unter Schütteln 2 bis 3 Minuten stehen. Sodann wird mit destilliertem Wasser verdünnt, so daß unter der Marke nur noch ein freier Raum von ca. 2 ccm verbleibt[1]), und 1 ccm einer Lösung von Natriumhydrosulfit (gesättigte Lösung in konz. Ammoniak, durch Absitzenlassen oder Filtrieren geklärt)[2]) zugegeben, wodurch sich die zur Messung dienende Blaufärbung bildet. Nach dem Auffüllen zur Marke wird 15 Minuten gewartet, während dieser Zeit

---

[1]) Diese Maßnahme ist notwendig, um einen störenden Verbrauch des Hydrosulfits durch den Luftsauerstoff zu vermeiden.

[2]) Die Hydrosulfitlösung ist nach 2 Tagen zu erneuern, auch wenn sie in gut verschlossener Flasche aufbewahrt wurde.

der verschlossene Kolben zehnmal umgestülpt, und dann die Lösung sofort in den Kolorimeterbecher eingefüllt. Man wartet nun 10 Minuten lang, um die durch den Luftsauerstoff bewirkte Farbschwächung wieder verschwinden zu lassen[1]), und mißt dann mit weißem Licht und Filter SF 9. Zur Kompensation dient ein identischer Blindansatz ohne Substanz. Nach einer halben Stunde beginnt die Färbung langsam abzublassen.

Abgestimmte Schichthöhe. Man wendet die Versuchslösung in einer Höhe von 27,3 mm an. Dann entspricht jedes mm Graulösung einem Gehalte von 10 γ SiO_2 in 100 ccm der Endlösung, also von 5 γ SiO_2 in der angewandten Substanz.

Will man Siliciumgehalte an der Graulösungsskala ablesen, so wendet man 12,8 mm Versuchslösung an; dann bedeuten die mm Graulösung je 10 γ Si in 100 ccm der Endlösung oder je 5 γ Si in der angewandten Substanz. Gibt man der Versuchslösung (Endlösung) eine Schichthöhe von 63,8 mm, so geben die mm Graulösung γ Si in der angewandten Substanz an.

Empfindlichkeit der Methode (bei ca. 500 mm Schichtlänge).

Quantitativ bestimmbar:

5 γ SiO_2 in 100 ccm oder rund 4 γ SiO_2 absolute Menge (rund 2 γ Si absolute Menge).

Qualitativ sicher nachweisbar:

$^1/_{10}$ der vorstehenden Mengen (etwa $0{,}6 \cdot 10^{-8}$ Mol SiO_2 und Grammatom Si).

---

[1]) An der Oberfläche bleibt eine entfärbte Schicht, die als Schutzschicht gegen weitere Luftoxydation dient.

Titan

Bestimmungsform: Gelbfärbung des vierwertigen Titans in schwefelsaurer Lösung mit Hydroperoxyd (Bildung der Peroxodisulfato-titansäure $[TiO_2(SO_4)_2]H_2$)[1].

Literatur: H. Ginsberg, Z. anorg. allg. Chem. **198**, 162 (1931); **209**, 105 (1931); **211**, 401 (1933); **226**, 57 (1935); Metallwirtsch. **16**, 1107 (1937); Angew. Chem. **51**, 663 (1938); H. Pinsl, Angew. Chem. **50**, 115 (1937).

Allgemeines. Die Reaktion soll in schwefelsaurer Lösung ausgeführt werden. Mineralien werden zu diesem Zwecke durch Schmelzung mit primärem Kaliumsulfat (bei Chromgehalt mit primärem Natriumsulfat)[2] aufgeschlossen. Ebenso verfährt man bei der Bestimmung des Titans in Tonerde (Aufschließen mit der 10fachen Menge $KHSO_4$; etwa 10 Minuten lang schmelzen). Zur Bestimmung von Titan in Aluminium werden 1 bis 5 g Späne (je nach dem Titangehalte) in frisch bereiteter Natronlauge (10%) gelöst, mit etwas Hydroperoxyd versetzt, 10 Minuten lang gekocht und filtriert. Der Rückstand wird in Schwefelsäure (1:1) unter Zusatz von etwas Hydroperoxyd gelöst und die Lösung weiterhin nach der unten gegebenen Arbeitsvorschrift behandelt.

Bei der Bestimmung des Titans in Stahl wird die ursprüngliche salpetersaure Lösung durch Abrauchen mit Schwefelsäure in eine reine Sulfatlösung verwandelt. Die durch die Ferriionenfarbe verursachten Störungen werden durch die Zufügung einer genügenden Menge von Phosphorsäure beseitigt. Dieser Zusatz beeinflußt zwar auch die Titanperoxydfärbung; jedoch ist die Schwächung von einem bestimmten Phosphorsäuregehalte an konstant.

Störungen durch fremde Ionenfarben, die nicht erst durch Peroxydzusatz entstehen und durch diesen nicht verändert werden (Cu, Ni, Co), können durch Kompensation mit einer peroxydfreien

---

[1] Nach R. Schwarz, Z. anorg. allg. Chem. **210**, 303 (1933).
[2] Siehe W. Erber, Angew. Chem. **50**, 382 (1937).

Probe der Versuchslösung unwirksam gemacht werden. Kompensation mit einer Blindprobe ist überhaupt immer empfehlenswert, schon mit Rücksicht auf mögliche schwache Trübungen.

Fluoride stören empfindlich und müssen vorher entfernt werden; ebenso dürfen Chromate und Molybdate nicht zugegen sein. Soll Titan in Gegenwart von Vanadium (Vanadat) bestimmt werden, so tritt eine besondere Arbeitsvorschrift in Kraft; sie folgt weiter unten.

Arbeitsvorschrift. Die schwefelsaure Titanlösung, die nicht mehr als 2 mg Ti enthalten soll, versetzt man in einem 100 ccm-Meßkolben mit so viel Schwefelsäure (1 : 1), daß im ganzen — einschließlich der bereits in der Versuchslösung vorhanden gewesenen — 10 ccm Schwefelsäure der angegebenen Konzentration zugegen sind, darauf mit 5 ccm 3%igem Hydroperoxyd und 10 ccm Phosphorsäure ($d = 1{,}7$; 83%); nach dem Abkühlen auf Zimmertemperatur wird mit destilliertem Wasser zur Marke aufgefüllt.

Die Gelbfärbung bildet sich sofort aus, so daß die Lösung nach dem Auffüllen sogleich gemessen werden kann. Man arbeitet mit Quecksilberlicht und dem Filter QF 436 oder 436 a. Zur Kompensation benutzt man eine Lösung, die kein Titan und kein H_2O_2, jedoch sonst alle Bestandteile der Versuchslösung enthält.

Abgestimmte Schichthöhe. Die Versuchslösung wird in einer Schichthöhe von 76,9 mm angewandt, wenn der Titangehalt nicht unter 1 mg in 100 ccm beträgt. Dann zeigt jedes mm Graulösung einen Gehalt von 100 γ Ti in 100 ccm (und zugleich in der Substanzprobe) an.

Bei geringeren Titangehalten muß man ein Mehrfaches der abgestimmten Schichthöhe anwenden, z. B. $3 \cdot 76{,}9 = 230{,}7$ mm (200 mm + 30,7 mm), und muß in diesem Falle die abgelesenen mm Graulösung durch 3 dividieren und mit 100 multiplizieren, um den Gehalt an Titan in γ pro 100 ccm zu erhalten. Bei noch geringeren Gehalten kann man bis zum Siebenfachen der abgestimmten Schichthöhe, also bis zu 538,3 mm (500 mm + 38,3 mm), gehen und hat dann durch 7 zu dividieren und mit 100 zu multiplizieren, um die abgelesenen mm Graulösung in Titangehalte (γ in 100 ccm) umzuwandeln.

Sondervorschrift für den Fall der Gegenwart von Vanadium (Vanadat). Vanadium in seiner fünfwertigen Form gibt mit Hydroperoxyd unter den gleichen Bedingungen eine der Titanfärbung ähnliche Farbreaktion (braungelb). Diese Reaktion läßt sich aber durch einen Zusatz von Dioxymaleinsäure unterdrücken. Man fügt daher, falls Vanadium zugegen ist (nicht mehr als 0,2 mg V in 100 ccm!), der Sulfat-Peroxyd-Phosphorsäurelösung vor dem Auffüllen zur Marke noch 1 ccm einer frisch bereiteten $1^0/_0$igen alkoholischen Lösung von Dioxymaleinsäure hinzu, läßt nach dem Auffüllen 10 Minuten stehen und mißt dann den Titangehalt in genau der gleichen Weise, wie in vanadiumfreier Lösung. Soll das Vanadium neben Titan bestimmt werden, so verfährt man nach einer Vorschrift, die bei Vanadium (S. 87) angegeben ist.

Empfindlichkeit der Methode (für ca. 500 mm Schichtlänge).

Quantitativ bestimmbar: ca. 150 γ Ti in 100 ccm oder etwa 120 γ Ti in absoluter Menge.

Qualitativ sicher nachweisbar: $^1/_{10}$ der vorstehenden Mengen oder rund $2{,}5 \cdot 10^{-7}$ Grammatom Ti.

Blei[1])

Bestimmungsform: a) Rote Verbindung mit „Dithizon" (Abkürzung für Diphenylthiocarbazon $C_6H_5N_2CSNHNHC_6H_5$), in Tetrachlorkohlenstoff gelöst. b) Grüne Lösung des freien Dithizons, aus der Bleiverbindung abgeschieden.

Literatur zu a und b: R. Strohecker, H. Riffart und J. Haberstock, Z. f. Unters. Lebensm. **74**, 155 (1937); **75**, 43 (1938); H. Müller, Z. f. anal. Chem. **113**, 161 (1938); H. Fischer, Wiss. Veröff. Siemens-Konzern **4**, 158 (1925); Angew. Chem. **42**, 1025 (1929); Mikrochemie **8**, 319 (1930).

Methode a

Arbeitsvorschrift. Herstellung der Dithizonlösung. 6 mg Dithizon werden in 100 ccm Kohlenstofftetrachlorid gelöst. Aus der grünen Lösung wird das Dithizon durch Schütteln mit verdünntem Ammoniak (1 Teil konz. auf 200 Teile Wasser) — als Dithizonat — extrahiert. Nach dem Ablassen des CCl_4 wird mit Salzsäure angesäuert und mit frischem CCl_4 geschüttelt, das nunmehr das Dithizon in gereinigtem Zustande aufnimmt. Diese Lösung wird für die Reaktion verwendet. Da sie lichtempfindlich ist, muß sie in brauner Flasche und im Dunkeln aufbewahrt werden.

Ausführung der Reaktion. Die Substanz, die nicht mehr als 40 γ Blei enthalten soll, wird als neutrale Lösung von etwa 5 ccm Volumen angewandt. Sie wird in einem kleinen Schütteltrichter mit 5 ccm Kaliumcyanidlösung (5%) und (genau abgemessen) 10 ccm Dithizonlösung versetzt, worauf gut durchgeschüttelt wird (etwa 2 Minuten lang). Die (untere) CCl_4-Schicht enthält nun das Bleidithizonat. Sie wird in einen anderen Schütteltrichter abgelassen und hier mit 3 ccm der verdünnten Ammoniaklösung (1 : 200) kurz durchgeschüttelt. Die rotorange gefärbte CCl_4-Lösung wird durch ein trockenes Papierfilter direkt in den

[1]) Über die Bestimmung von Blei in Körperflüssigkeiten siehe S. 131.

Kolorimeterbecher filtriert und sofort gemessen, da sie sich durch Lichtwirkung (selbst der Kolorimeterlampe) schon in kurzer Zeit merklich verändert. Eine identisch behandelte Blindprobe (mit Wasser statt der Substanzlösung angesetzt) muß zur Kompensation einer schwachen Reagenseigenfärbung gegengeschaltet werden.

Abgestimmte Schichthöhe (für weißes Licht und Filter SF 5). Die Endlösung wird in 18,5 mm Schichthöhe angewandt; dann entspricht 1 mm Graulösung einem Gehalte von 1 γ Blei in den 10 ccm Endlösung (und somit auch in der angewandten Substanz). Stellt man 55,6 mm Schichthöhe der Endlösung ein, so entspricht jedes Millimeter Graulösung $^1/_3\,\gamma$ Blei.

Empfindlichkeit der Methode (bei ca. 50 mm Schichthöhe).

Quantitativ: ca. 3 γ Pb in 10 ccm Endlösung und in absoluter Menge.

Qualitativ: ca. 0,3 γ Pb absolut (ca. $1{,}5 \cdot 10^{-9}$ Grammatom).

Methode b

Arbeitsvorschrift. Die nach der Vorschrift für die Methode *a* erhaltene rote Lösung des Bleidithizonats (10 ccm) wird mit 10 ccm verdünnter Salzsäure (gleiche Raumteile konz. Salzsäure und Wasser gemischt) durchgeschüttelt. Die rote Farbe der Bleiverbindung schlägt in die grüne Farbe des freien Dithizons um.

Die Messung erfolgt in diesem Falle mit weißem Licht und Filter SF 10 oder mit Quecksilberlicht und Filter QF 579.

Abgestimmte Schichthöhe. Die Versuchslösung erhält eine Schichthöhe von 16,0 mm (für SF 10) oder von 20,3 mm (für QF 579). Dann entspricht jedes mm Graulösung einer Menge von 1 γ Blei in den 10 ccm Versuchslösung (und somit auch in der angewandten Substanz).

Empfindlichkeit der Methode. Fast genau so, wie bei der Methode a.

Stickstoff (Ammoniak) [1]

Bestimmungsform: Braunrote Färbung des Ammoniaks mit Nesslers Reagens (Bildung von $Hg_2NH_2J_3$)[2].

Literatur: Siehe die Buchliteratur. Hierzu eingehende Untersuchungen von H. Heinrich[3].

Allgemeines. Das Arbeiten mit Nesslers Reagens ist keine reine Freude. Die Substanz, auf deren Bildung die braunrote Färbung mit Ammoniak beruht, entsteht in Form einer kolloiden Lösung, deren Dispersitätsgrad von zahlreichen Faktoren, unter anderen von ihrem Alter, abhängig ist. Hand in Hand damit ist auch die Lichtabsorption einer solchen Lösung veränderlich. Es kommt hinzu, daß die braunrote Flüssigkeit niemals völlig klar ist, sondern einen mehr oder minder deutlichen Tyndallkegel zeigt (bei einem Kolloid nicht überraschend).

Aus diesen Gründen ist die Herstellung des Nesslerschen Reagens von einschneidender Bedeutung für das Ergebnis einer Messung. Ein Blick auf die umfangreiche Sonderliteratur[4]) zeigt die Vielheit der Vorschriften, was ein untrügliches Anzeichen dafür ist, daß die Reaktion ihre Tücken hat. Daß unter diesen Umständen gerade bei einer Ammoniakbestimmung ohne Vergleichslösung äußerste Vorsicht am Platze ist, hat wohl am schärfsten und durchaus zutreffend H. J. Fuchs[5]) betont. Die von ihm gegebene Vorschrift zur Herstellung von Nesslers Reagens (mit Verbindungen des Lithiums statt mit solchen des Natriums oder Kaliums) bietet nach eingehenden Untersuchungen von

---

1) Über die Bestimmung von Stickstoff (-Verbindungen) in Körperflüssigkeiten siehe S. 125, 127, 150, 152, 180, 183.

2) Nach M. L. Nichols und C. O. Willits, J. Amer. Chem. Soc. **56**, 769 (1934).

3) Unveröffentlicht.

4) Siehe etwa Gmelins Handbuch der anorganischen Chemie, 8. Aufl. System-Nr. 23: Ammonium, Lief. 1, S. 25f., 38f. (Verlag Chemie, 1936).

5) Ztschr. f. physiol. Chem. **223**, 145 (1934).

H. Heinrich[1]) in meinem Institut keine Vorteile gegenüber der in diesem Buche empfohlenen; ebensowenig hat sich ein günstiger Einfluß von Chloriden feststellen lassen, von dem H. E. Wirth und R. J. Robinson[2]) berichten.

Es ist notwendig, Halogenion (außer dem vom Reagens selbst eingebrachten Jodion) ganz auszuschließen und in reiner Sulfatlösung zu arbeiten; das sicherste Mittel ist das Übertreiben des Ammoniaks in vorgelegte Schwefelsäure[3]) oder seine Bindung mit Permutit[4]).

Unter keinen Umständen darf irgendein käufliches Präparat von Nesslers Reagens verwendet werden.

Arbeitsvorschrift. Die annähernd neutrale Lösung der Substanz, die nicht mehr als 0,6 mg NH_3 und kein Halogenion enthalten soll, wird in einem 100 ccm-Meßkolben mit CO_2-freiem destillierten Wasser stark verdünnt (damit keine Fällung entsteht) und mit 10 ccm Nesslers Reagens versetzt, worauf umgeschüttelt und mit CO_2-freiem destillierten Wasser zur Marke aufgefüllt wird.

Das zu verwendende destillierte Wasser muß durch nochmalige Destillation unter Zusatz von etwas Schwefelsäure völlig ammoniakfrei gemacht werden. Kohlensäurefreiheit erzielt man durch kurzes Aufkochen.

Nesslers Reagens stellt man folgendermaßen her.

Man löst 22,5 g Jod in einer Lösung von 30,0 g Kaliumjodid in 20 ccm destilliertem Wasser, und zwar in einem Jenaer Kolben. Hierauf gibt man 30,0 g reines Quecksilber hinzu und wartet unter Schütteln und Kühlen in fließendem Wasser das Ende der Reaktion ab.

Ist die braune Jodfarbe verschwunden, so filtriert man durch ein Weißbandfilter. Eine kleine Probe des Filtrats wird mit

---

1) Unveröffentlicht.

2) Ind. and Engin. Chem., Analyt. Edit. **5**, 293 (1933).

3) Dieses Verfahren ist insbesondere bei der „Veraschung" nach Kjeldahl (bei der Stickstoffverbindungen in Ammoniak übergeführt werden) angebracht. Seine Durchführung wird durch einen neuerdings vom Glaswerk Schott u. Gen. in Jena hergestellten Destillierapparat (auch als Mikroapparat erhältlich) wesentlich beschleunigt und damit erleichtert. Siehe hierzu die Arbeiten von J. K. Parnas, Z. f. anal. Chem. **114**, 261 (1938) und von R. Fresenius, ebenda S. 275.

4) Vgl. S. 121.

Stärkelösung auf das Vorhandensein von freiem Jod geprüft. Bei negativem Ausfall der Reaktion gibt man zur Lösung ein Körnchen Jod und löst dieses unter Schütteln. Endlich wird im Meßkolben mit destilliertem Wasser zu 200 ccm verdünnt: Lösung A.

Herstellung carbonatfreier Natronlauge (10%). 50 g reinstes NaOH löst man in 100 ccm frisch ausgekochtem destillierten Wasser und filtriert nach dem Erkalten unter Kohlensäureschutz durch einen Jenaer Glassintertiegel G 4. Nachdem man den Gehalt der Lösung durch Titration mit 1 n-Säure bestimmt hat, verdünnt man mit frisch ausgekochtem destillierten Wasser, so daß die Lauge genau 2,78 n wird (= 10%ig): Lösung B.

Lösung A und Lösung B werden getrennt aufbewahrt, letztere unter CO_2-Schutz in paraffinierter Flasche. Zum Gebrauche vermischt man jedesmal frisch 1 Vol. der Lösung A mit 5 Vol. der Lösung B.

Die Lösung A läßt sich auch aus Kaliumquecksilberjodid (Kahlbaum) bereiten. Man löst 69,7 g K_2HgJ_4 in der Kälte in wenig Wasser, vermischt mit einer Lösung von 0,57 g KJ und einem Körnchen Jod und füllt im 200 ccm-Meßkolben mit destilliertem Wasser zur Marke auf. Zeigt die Lösung statt einer schwachgelben eine grüne Färbung, so wird sie durch ein Weißbandfilter filtriert.

Unter Kompensation mit einem gleichzeitig bereiteten ammoniakfreien Blindansatze wird nach einer Wartezeit von 10 Minuten mit Quecksilberlicht und Filter QF 436 absolutkolorimetriert.

Hat man eine größere Reihe von Messungen hintereinander auszuführen, so mißt man zweckmäßig einen Blindansatz für sich allein und zieht das Resultat von jedem Ergebnis einer Messung an einer Versuchslösung im voraus ab.

Abgestimmte Schichthöhe. Die Versuchslösung wird in 38,3 mm Schichthöhe angewandt. Dann entspricht jedes mm Graulösung einem Gehalte von 10 γ NH_3 in der angewandten Substanz.

Will man den Gehalt an Stickstoff (Ammoniakstickstoff) direkt an der Graulösungsskala ablesen, so wendet man 31,5 mm Versuchslösung an; dann entsprechen die mm Graulösung je 10 γ N in der angewandten Substanz.

Bei NH_3-Gehalten unterhalb von 300 γ/100 ccm Versuchsflüssigkeit (Meßlösung) nimmt der Extinktionskoeffizient der mit

Nesslers Reagens entstehenden farbigen Substanz stetig ab[1]). Das bedeutet also, daß hier eine (wahrscheinlich durch den Dispersitätsgrad des Kolloids bedingte) Abhängigkeit von der Konzentration eintritt, die eine Anwendung des Beerschen Gesetzes ausschließt. Man kann aber eine Bestimmung bis herab zu Gehalten von 10 γ NH_3/100 ccm durchführen, wenn man die an der Grauskala abgelesenen (Brutto-) Werte[2]) mit einem Korrektionsfaktor (*f*) multipliziert, der aus der folgenden Tabelle zu entnehmen ist. Zur Erleichterung der Rechnung sind die vierstelligen Mantissen der Logarithmen für die (abgerundeten) Werte von *f* mit aufgeführt.

Korrektionstabelle

Bruttowerte γ NH_3/100 ccm	250	200	150	100	95	90	80
f	1,03	1,04	1,04	1,05	1,06	1,06	1,07
lg *f*	0118	0152	0187	0221	0239	0257	0286

Bruttowerte γ NH_3/100 ccm	70	60	50	40	30	20	10
f	1,08	1,09	1,11	1,13	1,15	1,17	1,19
lg *f*	0328	0364	0455	0549	0606	0664	0742

Bei Zwischenwerten der Bruttogehalte kann man interpolieren oder den nächstgelegenen Tabellenwert benutzen. Natürlich erreicht in diesem Konzentrationsgebiete die Genauigkeit der Bestimmung nicht die normale Höhe; man muß mit Versuchsfehlern von einigen Prozenten rechnen.

Empfindlichkeit der Methode.

Quantitativ bestimmbar (bei rund 500 mm Schichtlänge): 10 γ NH_3 oder 8 γ N in absoluter Menge.

Qualitativ sicher nachweisbar: $^1/_{10}$ der vorstehenden Mengen, d. h. rund $6 \cdot 10^{-8}$ Mol (Grammatom).

[1]) Das gilt für gleiches Alter der Produkte. Bei längerem Stehen findet eine Annäherung an die für höhere Konzentrationen gültige Werte statt.

[2]) Die nötigenfalls vorher noch durch den Vervielfachungsfaktor der abgestimmten Schichthöhe zu dividieren sind.

Phosphor (Phosphorsäure) [1])

Bestimmungsform: Blaufärbung einer annähernd neutralen Phosphatlösung mit Molybdänblaureagens (nach Zinzadze).

Literatur: Sch. R. Zinzadze, Ztschr. Pflanzenernähr., Düngung, Abt. A, **16**, 129 (1930).

Allgemeines. Molybdänblaureagens ist eine Lösung von „Molybdänblau" in hochprozentiger Schwefelsäure, gewonnen durch Einwirkung von metallischem Molybdän auf eine heiße Lösung von Molybdänsäureanhydrid in Schwefelsäure. Die Farbe dieses Reagens schlägt beim Verdünnen mit Wasser aus Blau in Gelblich um. In Gegenwart von Phosphorsäure, Arsensäure und Kieselsäure bleibt ein Teil der Blaufärbung, der von der Menge der genannten Stoffe abhängt, infolge von Komplexbildung erhalten. Hierauf beruht die Bestimmung der Phosphorsäure. Bei dieser muß ein etwaiger Gehalt an Arsensäure vorher entfernt worden sein. Ein Gehalt an Kieselsäure ist wegen der vergleichsweise sehr geringen Farbstärke des Kieselsäurekomplexes ohne Bedeutung, wenn die Menge der Kieselsäure weniger als die Hälfte der Phosphorsäuremenge ausmacht. Bei größeren Kieselsäuregehalten wird eine Kieselsäurebestimmung nach dem auf S. 73 u. f. angegebenen Verfahren ausgeführt. Das Ergebnis wird auf mm Graulösung im Molybdänblauverfahren nach Zinzadze umgerechnet (siehe weiter unten); dieser Betrag wird vom Rohwerte der Phosphatbestimmung abgezogen, woraus sich der Reinwert für Phosphorsäure ergibt.

Arbeitsvorschrift. Die Substanz, die nicht mehr als 0,2 mg P_2O_5 enthalten soll, wird in einem 50 ccm-Meßkolben entweder mit Sodalösung oder mit verdünnter Schwefelsäure so weit neutralisiert, daß sie sich mit β-Dinitrophenol nur schwach gelb färbt. Man setzt dann 0,2 ccm käufliches „Molybdänblaureagens nach

[1]) Über die Bestimmung des Phosphors (der Phosphorsäure) und insbesondere des Lipoidphosphors in organischem Material siehe S. 174.

Zinzadze"[1]) zu, bringt das Volumen mit destilliertem Wasser auf ungefähr 40 ccm, läßt 5 bis 8 Minuten lang ganz langsam kochen und füllt nach dem Erkalten mit destilliertem Wasser zur Marke auf. Nach 15 Minuten hat die Färbung ihr Maximum erreicht und ist dann tagelang beständig.

Die Messung erfolgt mit weißem Licht und Filter SF 9 gegen einen phosphatfreien, genau gleich behandelten Flüssigkeitsansatz als Kompensationslösung.

Abgestimmte Schichthöhe. Die Versuchslösung (und ebenso die Kompensationslösung) wird in einer Schichthöhe von 48,9 mm angewandt. Dann entspricht jedes mm Graulösung einem Gehalte von 10 γ P_2O_5 in 100 ccm oder von 5 γ P_2O_5 in der angewandten Substanz.

Will man die entsprechenden Gehalte an Phosphor direkt an der Graulösungsskala ablesen (anstatt sie aus den P_2O_5-Gehalten zu berechnen), so braucht man nur die Versuchslösung in 21,4 mm Schichthöhe anzuwenden. Dann entspricht jedes mm Graulösung 10 γ P in 100 ccm oder 5 γ P in der angewandten Substanz.

Verfahren beim Vorhandensein größerer Mengen von Kieselsäure (Gewichtsverhältnis $SiO_2 : P_2O_5$ in der angewandten Substanz $> 1 : 2$).

Für je 100 γ SiO_2 in der Substanz sind von der zur Bestimmung des P_2O_5 dienenden Graulösungshöhe 0,65 mm abzuziehen (von der zur direkten Ablesung der P-Gehalte dienenden 0,29 mm).

Empfindlichkeit der Methode. Quantitativ bestimmbar (bei etwa 300 mm Schichtlänge): ca. 7,5 γ P_2O_5 (entsprechend 3 γ P) in absoluter Menge; qualitativ sicher nachweisbar $^1/_{10}$ davon oder ca. $5 \cdot 10^{-8}$ Mol P_2O_5 und $1 \cdot 10^{-7}$ Grammatom P.

---

[1]) Das Reagens ist jahrelang haltbar.

Vanadium

Bestimmungsform: a) Braungelbe Färbung der Vanadinsäure mit Hydroperoxyd (Bildung der Persäure HVO_4). b) Rotfärbung durch Bildung eines Komplexes mit Diphenylcarbazon in essigsaurer Acetonlösung.

Literatur: Methode a: H. Pinsl, Arch. Eisenhüttenwesen **10**, 293 (1937). — Methode b[1]): F. Feigl und A. Lederer, Monatsh. **45**, 63; 115 (1924); P. Krumholz und F. Hönel, Microch. acta **2**, 177 (1937).

Allgemeines. Die Herstellung der schwefelsauren Versuchslösung, die das Vanadium in fünfwertiger Form (als Vanadinsäure) enthalten muß, geschieht in der gleichen Weise, wie das beim Titan (S. 75) angegeben ist.

Methode a

Arbeitsvorschrift. Die Substanzlösung, die nicht mehr als 2 mg V enthalten soll, wird in einem 100 ccm-Meßkolben mit 10 ccm Schwefelsäure (1 : 1) versetzt, wobei ein etwa schon vorhandener Säuregehalt zu berücksichtigen ist, dann mit 5 ccm Hydroperoxyd (3%) und 10 ccm Phosphorsäure ($d = 1{,}7$; 83%). Nach dem Abkühlen in fließendem Wasser wird mit destilliertem Wasser zur Marke aufgefüllt. Die Messung erfolgt mit Quecksilberlicht und Filter QF 436. Hierbei wird mit einem Blindansatze kompensiert (siehe Titan).

Abgestimmte Schichthöhe. Benutzt man auf der Versuchslösungsseite eine Schichthöhe von 109,9 mm, so entspricht jedes cm Graulösung einer Vanadiummenge von 1 mg (Metall) in 100 ccm (also auch in der angewandten Substanz).

---

[1]) Die hier angegebene Literatur bezieht sich nur auf die allgemeine Verwendung von Diphenylcarbazon zu Reaktionen in wässeriger Lösung. Die Reaktion mit Vanadat und insbesondere das Acetonverfahren, auf dem erst die eigentliche Meßmethode beruht, ist von H. Heinrich aufgefunden und ausgearbeitet worden (bisher nicht veröffentlicht).

Empfindlichkeit der Methode (bei ca. 500 mm Schichtlänge).

Quantitativ bestimmbar: ca. 0,25 mg V in 100 ccm Lösung oder ca. 0,2 mg V in absoluter Menge.

Qualitativ sicher nachweisbar: $^1/_{10}$ der vorstehenden Mengen, d. h. rund $4 \cdot 10^{-7}$ Grammatom V.

Verfahren bei Gegenwart von Titan. Man mißt zunächst die der Summe von Titan und Vanadium entsprechende Gesamtextinktion, beseitigt dann in einem zweiten Ansatze die Vanadinfärbung durch Dioxymaleinsäure (siehe S. 77) und findet so die dem Titan allein zukommende Teilfärbung, die von der Gesamtfärbung abzuziehen ist. Der Restbetrag der cm Graulösung liefert die mg Vanadium in 100 ccm Lösung (und damit in der Substanz). Es ist hierbei zu beachten, daß dieses Verfahren nur bei Vanadiumgehalten bis zu 0,2 mg in 100 ccm anwendbar ist, also nur bei Mengen, die schon unter der Grenze der Bestimmbarkeit mit der üblichen Genauigkeit von 1% liegen. Man verfährt daher, wenn es auf eine genaue Bestimmung des Vanadiums neben Titan ankommt, besser nach der Methode b.

Methode b

Allgemeines. Die Reaktion erfolgt in praktisch wasserfreier Acetonlösung. Anzuwenden ist eine annähernd neutrale wässerige Lösung von Vanadat, und zwar nur 1 ccm (in dem also die gesamte zu bestimmende Menge Vanadat enthalten sein muß).

Chromat stört nicht, wenn seine Menge den Betrag von 10 γ nicht übersteigt. Molybdat und Wolframat stören, können aber durch Zusatz von Weinsäure unwirksam gemacht werden.[1]) Titan bewirkt keine Störung; die Methode ist also zur Trennung des Vanadiums von Titan besonders geeignet.

Arbeitsvorschrift. 1 ccm der annähernd neutralen wässerigen Lösung, die nicht mehr als 0,02 mg V als Vanadat enthalten soll, wird in einen trockenen 50 ccm-Meßkolben eingemessen, mit 5 ccm 1 n-Lösung von Eisessig in Aceton vermischt und mit 1 ccm einer 0,1%igen Lösung von Diphenylcarbazon ($C_6H_5NNCONHNHC_6H_5$) in Aceton versetzt. Nach gründlicher

[1]) Eine exakte Vorschrift dafür existiert noch nicht.

Vermischung durch Schütteln wird mit wasserfreiem Aceton zur Marke aufgefüllt und der Kolbeninhalt homogen gemacht.

Nach 5 bis 10 Minuten wird unter Verwendung von weißem Licht und Filter SF 6 gemessen.

Abgestimmte Schichthöhe. Man wendet die Versuchslösung in einer Schichthöhe von 42,35 mm an; dann entspricht jedes mm Graulösung einer Menge von 1 γ Vanadium in der angewandten Substanz.

Empfindlichkeit der Methode (bei rund 300 mm Schichtlänge).

Quantitativ meßbar: ca. 1,2 γ V in absoluter Menge.

Qualitativ sicher nachweisbar: $^1/_{10}$ der vorstehenden Menge, d. h. ca. $2 \cdot 10^{-9}$ Grammatom V.

Verwendung der Methode zur Bestimmung von Vanadium und Titan nebeneinander. Man ermittelt in einer Probe den Gehalt einer bestimmten Lösung (in 1 ccm) an Vanadium nach der Methode b (Ergebnis: $x\gamma$ in 1 ccm).

Mit einer zweiten Probe wird eine Bestimmung nach der Methode a ausgeführt. Diese möge einen Gehalt von $y\gamma$ in 1 ccm ($y > x$) liefern. Die Differenz $y - x$ rührt vom Titangehalte der Substanz her. Diesen findet man in folgender Weise. Bei der Vanadiumbestimmung nach der Methode a ist eine abgestimmte Schichthöhe von 109,9 mm angewandt worden. Für die Titanbestimmung ist dagegen (S. 76) eine abgestimmte Schichthöhe von 76,9 mm vorgeschrieben. Daher entsprechen dem Scheinwerte von $(y - x)\,\gamma$ Vanadium $(y - x)\cdot\frac{76,9}{109,9}\,\gamma$ Titan (infolge der höheren Färbekraft des letzteren bei 436 mμ) oder fast genau $0,7\cdot(y - x)\,\gamma$ Titan in 1 ccm. Damit ist unsere Aufgabe gelöst.

Wismut

Bestimmungsform: Gelbfärbung von Wismutsalzen in salpetersaurer wässeriger Lösung mit Thioharnstoff $(CS(NH_2)_2)$.

Literatur: C. Mahr, Z. f. anal. Chem. **97**, 96 (1934).

Arbeitsvorschrift. Die in salpetersaurer (5 bis 8% freie Säure), chloridfreier Lösung befindliche Substanz, die nicht mehr als 4 mg Bi enthalten soll, wird in einem Erlenmeyerkolben mit 10 bis 12 g Thioharnstoff versetzt und zur Lösung des Reagens in einem Wasserbade erwärmt. Beim Abkühlen auf Zimmertemperatur scheidet sich der Überschuß des Thioharnstoffs nebst dessen schwerlöslichen Verbindungen mit sonstigen Schwermetallen ab. Der Bodensatz wird durch ein Glasfrittenfilter G 4 abfiltriert und mit einer bei Zimmertemperatur gesättigten, klaren Lösung von Thioharnstoff gewaschen. Filtrat und Waschwasser werden in einen 100 ccm-Meßkolben gebracht, worauf dieser mit der gesättigten Thioharnstofflösung zur Marke aufgefüllt wird. Die Lösung kann sofort gemessen werden. Man benutzt dazu weißes Licht und Filter SF 3, bei dessen Schwerpunkte (462 mμ) der gelbe Komplex gerade sein Extinktionsmaximum hat.

Abgestimmte Schichthöhe. Man gibt der Versuchslösung eine Schichthöhe von 13,3 mm. Dann zeigt jedes cm Graulösung einen Gehalt von 1 mg Bi in 100 ccm der fertigen Lösung und damit auch in der angewandten Substanz an.

Empfindlichkeit der Methode. Quantitativ bestimmbar (bei ca. 500 mm Schichtlänge): ca. 25 γ Bi in 100 ccm oder ca. 20 γ Bi in absoluter Menge. Qualitativ sicher nachweisbar: $^1/_{10}$ dieser Mengen oder ca. 10^{-8} Grammatom Wismut.

Chrom

Bestimmungsform: a) Gelbe Färbung durch Chromation (CrO_4''). b) Orangegelbe Färbung durch Bichromation (Cr_2O_7''). c) Violette Färbung durch das Reaktionsprodukt von Chromsäure mit Diphylcarbazid ($C_6H_5NHNHCONHNHC_6H_5$) in mineralsaurer Lösung.

Literatur: Siehe die Buchliteratur.

Allgemeines. Alle drei Methoden verlangen das Vorhandensein des Chroms als Chromat. Auf alle Fälle ist also der Chromgehalt der Substanz zunächst in Chromsäure überzuführen.

Bei Erzen geschieht das durch oxydierenden Aufschluß mit Kalium- (Natrium-) Carbonat und Natriumperoxyd. Nach dem Auflösen der Schmelze in Wasser wird ein Gehalt an Permanganat durch etwa 3 Minuten langes Kochen mit einigen Tropfen Alkohol beseitigt. Der ausgeschiedene Braunstein wird zusammen mit anderen ungelösten Stoffen (Eisenoxyd usw.) abfiltriert; das Filter wird mit 0,1 n-Natronlauge ausgewaschen.

Bei Metall-Legierungen (z. B. Chromstahl) wird das beim Lösen des Metalls in verdünnter Schwefelsäure entstehende Chromisalz durch Erhitzen mit Ammoniumpersulfat und Silbernitrat zu Chromsäure oxydiert. Durch einen Zusatz von Salzsäure fällt man das überschüssige Silbersalz (falls es weiterhin stört) aus und zerstört zugleich das etwa gebildete Permanganat. Man macht dann mit Natronlauge alkalisch, filtriert die ausgeschiedenen Hydroxyde von Eisen usw. ab und verwendet das Filtrat (als Ganzes oder zu einem bekannten Bruchteile) zur Bestimmung des Chromats. Näheres darüber ist bei den einzelnen Methoden zu finden.

Methode a

Arbeitsvorschrift. Die Lösung der Substanz, die nicht mehr als 30 mg Cr enthalten soll, wird, wenn das Chrom bereits als Chromat vorliegt und die Lösung alkalisch reagiert (wie z. B.

die klare Lösung einer oxydierenden Erzschmelze), mit so viel Natronlauge versetzt, daß die Lösung nach dem Auffüllen (mit Wasser) auf 100 ccm für NaOH etwa 0,1 n ist, und unmittelbar gemessen.

Liegt das Chrom als Chromisalz vor, wie in der schwefelsauren Lösung von Chromstahl, so verfährt man folgendermaßen. Eine angemessene Probe der Substanzlösung (nicht mehr als 30 mg Cr enthaltend) wird in einem 100 ccm-Meßkolben mit 10 ccm 10%iger Ammoniumpersulfatlösung und 5 ccm 2%iger Silbernitratlösung vermischt und etwa 30 Minuten lang im siedenden Wasserbade erhitzt. Nach dem Zugeben von 10 ccm 10%iger Salzsäure wird mit Natronlauge eben alkalisiert (Lackmuspapier), auf Zimmertemperatur abgekühlt, mit 15 ccm 2 n-Natronlauge versetzt und mit destilliertem Wasser zur Marke aufgefüllt. Die über dem Niederschlage stehende Lösung kann, wenn sie durch Absitzen vollkommen klar geworden ist, vorsichtig abgegossen oder abpipettiert und zur Messung benutzt werden; andernfalls muß sie vorher durch ein dichtes Filter filtriert werden.

Man mißt mit Quecksilberlicht und Filter QF 436 oder 436a.

Abgestimmte Schichthöhe. Man verwendet die Versuchslösung in einer Schichthöhe von 9,52 mm; dann entspricht 1 mm Graulösung einem Gehalte von 1 mg Cr in der gemessenen Versuchslösung und damit auch in der angewandten Substanz.

Empfindlichkeit der Methode. Bei ca. 500 mm Schichtlänge lassen sich noch 0,2 mg Cr in 100 ccm Lösung oder ca. 0,15 mg in absoluter Menge quantitativ bestimmen; $^1/_{10}$ davon läßt sich qualitativ sicher nachweisen (= ca. $3 \cdot 10^{-7}$ Grammatom Chrom).

Methode b

Arbeitsvorschrift. Die Metallprobe, die nicht mehr als 30 mg Cr enthalten soll, wird in zerkleinertem Zustande (Späne) unmittelbar in einem 100 ccm-Meßkolben in 25 ccm mäßig (1 : 1) verdünnter Schwefelsäure + 20 ccm destilliertem Wasser in der Siedehitze gelöst. Nach einem Zusatze von 10 ccm einer gesättigten Ammoniumpersulfatlösung wird weitergekocht, bis die rote Farbe des Permanganats (bei gleichzeitigem Vorhandensein von Mangan; in Abwesenheit von Mangan wird eine kleine Menge Mangansulfat

— einige mg — zugegeben) auftritt. Man fügt dann 10 ccm Phosphorsäure[1]) ($d = 1,7$) zu, läßt abkühlen und füllt mit destilliertem Wasser zur Marke auf. Falls die Lösung nicht absolut klar ist und sich auch beim Stehen nicht vollkommen klärt, wird sie filtriert.

Die Messung erfolgt mit Quecksilberlicht und zwar zunächst mit Filter QF 579 (zur Feststellung des Permanganatgehaltes), sodann mit Filter QF 436 (zur Bestimmung des Chroms).

Abgestimmte Schichthöhe. Man gibt der Versuchslösung eine Schichthöhe von 15,4 mm. Man ermittelt zunächst mit Filter QF 579 die Extinktion des Permanganatgehalts. 12% von der gefundenen Graulösungsschichthöhe muß man bei der nachfolgenden Messung mit Filter QF 436 als Extinktion des Permanganats bei 436 mμ von dem gemessenen Gesamtbetrage der Graulösungsschichthöhe abziehen, um die lediglich dem Bichromat entsprechende Schichthöhe der Graulösung zu finden.

Beispiel: Man habe bei 579 mμ 6,0 mm Graulösung gefunden, bei 436 mμ dagegen 28,9 mm. Dann ist der auf das Bichromat entfallende Betrag bei 436 mμ: $28,9 - 0,12 \cdot 6,0$ mm $= 28,9 - 0,7$ mm $= 28,2$ mm.

Jedes mm von dem Graulösungsreinwert entspricht einem Gehalte von 1 mg Cr in 100 ccm Versuchslösung und damit in der angewandten Substanz (die also in obigem Beispiele 28,2 mg Cr enthalten würde).

Empfindlichkeit der Methode. Die Methode ist fast genau $^2/_3$ mal so empfindlich wie die Chromatmethode (a), d. h. die noch meßbaren bzw. noch nachweisbaren Chrommengen sind 1,5 mal so groß wie dort.

Methode c

Arbeitsvorschrift. Die Substanz soll nicht mehr als 0,4 mg Cr enthalten. Liegt dieses bereits als Chromat vor, so wird die Lösung mit 20 ccm 10%iger Salzsäure angesäuert und mit 1 ccm einer 1%igen Lösung von Diphenylcarbazid in Aceton versetzt, worauf mit destilliertem Wasser im Meßkolben auf 100 ccm aufgefüllt wird.

Enthält die Substanz das Chrom als Chromisalz, so wird die (schwefelsaure) Lösung, z. B. die Lösung des Chromstahls in ver-

---

[1]) Zur Beseitigung der Ferrisalzfärbung.

dünnter Schwefelsäure (siehe die Methode b), in einem Erlenmeyerkolben mit 5 ccm Silbernitratlösung (2%) und 10 ccm Ammoniumpersulfatlösung (10%) vermischt und etwa 30 Minuten lang im siedenden Wasserbade erhitzt. Noch in der Hitze wird dann das Silbersalz mit 20 ccm Salzsäure (10%) gefällt (wobei auch das Permanganat zerstört wird) und die Lösung durch ein dichtes Filter in einen 100 ccm-Meßkolben filtriert, worauf das Chlorsilber mit verdünnter Salzsäure ausgewaschen wird. Nach dem Abkühlen gibt man 1 ccm acetonische Diphenylcarbazidlösung (1%) hinzu und füllt mit destilliertem Wasser zur Marke auf. Die Färbung entsteht sofort, und es kann sogleich gemessen werden. Innerhalb von 2 Stunden zeigt sich keine Veränderung der Farbstärke.

Störend wirken die Salze von Silber (das deswegen im Gange der Methode ausgefällt wird), Blei und Gold. Kaum störend sind Kobalt und Zink, nicht störend ist Nickel (wenn diese Metalle nicht in größeren Mengen als dem Zehnfachen der Chrommenge zugegen sind). Ohne jeden Einfluß ist Eisen, ein großer Vorteil für die Analyse von Chromstählen. Molybdat ist bis zu Mengen von 1 mg Mo in 100 ccm Lösung, Wolframat in Mengen bis zu 2 mg W in 100 ccm ohne Einfluß auf die Chromatfärbung.

Vanadat gibt eine Braunfärbung, die ziemlich schnell verblaßt und bei einem Mengenverhältnis V : Cr = 1 : 1 noch keine über die normalen Versuchsfehler hinausgehende Störung bewirkt, wenn man erst eine halbe Stunde nach dem Auffüllen mißt.

Größere Vanadatmengen müssen entfernt werden. Das geschieht am besten durch Ausschütteln mit einer Lösung von Oxin in Chloroform.

Abgestimmte Schichthöhe. Gibt man der Versuchslösung eine Schichthöhe von 8,26 mm, so entspricht jedes mm Graulösung einer Menge von 10 γ Cr in 100 ccm Lösung und damit auch in der angewandten Substanz. Zweckmäßiger wird man eine Schichthöhe von 41,3 mm wählen; dann zeigt jedes mm Graulösung 2 γ Cr an.

Empfindlichkeit der Methode. Bei ca. 500 mm Schichtlänge sind noch ca. 1,5 γ Cr in 100 ccm oder ca. 1,2 γ Cr in absoluter Menge quantitativ bestimmbar; $^1/_{10}$ davon oder ca. $2{,}5 \cdot 10^{-9}$ Grammatom Cr ist sicher qualitativ nachweisbar.

Molybdän

Bestimmungsform: Rotorangefärbung von Molybdat in mineralsaurer Lösung mit Rhodanid bei der Reduktion mit Zinnchlorür.

Literatur: J. Kassler, Chem. Ztg. **51**, 953 (1927); O. Keune, Techn. Mitt. Krupp **3**, 215 (1935); A. Eder, Arch. Eisenhüttenw. **11**, 185 (1937/38); K. Dietrich und K. Schmitt, Metallwirtsch. **17**, 88 (1938).

Allgemeines und Reagentien. Die Reaktion wird durch die Gegenwart von Chlorion gestört, muß also in schwefelsaurer Lösung vorgenommen werden (nötigenfalls Abrauchen!). Kleine Mengen von Ferrisalz wirken günstig auf die Entwicklung der Molybdänfärbung; man gibt daher, falls die Substanz kein Eisen enthält, etwas Ferrisulfat zu. Da die Färbung der Ferrisalze mit Rhodan die Molybdänfärbung überdeckt, muß das Abblassen der Ferrirhodanidfärbung nach dem Zusatze des Zinnchlorürs abgewartet werden.

Kupfer und Kobalt in Mengen von mehr als der halben Menge des Molybdäns stören und müssen vorher entfernt werden. Vanadium darf nicht in größerer Menge als dem Fünffachen des Molybdäns zugegen sein.

Eine besondere Vorschrift für die Analyse von Molybdänstahl siehe weiter unten.

„Phosphorschwefelsäure": 15 ccm konz. Schwefelsäure und 15 ccm Phosphorsäure ($d = 1{,}7$) werden nacheinander unter Kühlung in 70 ccm destilliertes Wasser gegeben und gut durchmischt.

Rhodanidlösung: 15 g Rhodankalium werden in 100 ccm destilliertem Wasser gelöst.

Zinnchlorürlösung: 10 g $SnCl_2 \cdot 2H_2O$ werden unter Erwärmen in 10 ccm konz. Salzsäure gelöst, worauf man nach und nach unter Umrühren 90 ccm destilliertes Wasser zugibt. Die Lösung muß klar sein und wird in gut verschlossener Flasche aufbewahrt.

Arbeitsvorschrift. Die Substanzlösung, die nicht mehr als 0,16 mg Mo (als Molybdat) enthalten soll, wird in einem 50 ccm-Meßkolben mit 1,5 ccm „Phosphorschwefelsäure", 2 ccm einer 10%igen Lösung von Eisenalaun (Dodekahydrat) und 20 ccm destilliertem Wasser versetzt, worauf man unter Kühlung 10 ccm Schwefelsäure (konz. 1 : 1 verdünnt) zugibt. Nach dem Abkühlen auf Zimmertemperatur werden 5 ccm Rhodanidlösung und 5 ccm Zinnchlorürlösung zugegeben. Man füllt sofort mit destilliertem Wasser zur Marke auf und mißt genau 10 Minuten von da ab gegen einen Blindansatz, der gleichzeitig bereitet wurde und die gleiche Zeit nach der Auffüllung benutzt wird. Die Messung soll 15 Minuten nach der Auffüllung beendet sein. Man mißt mit weißem Licht und Filter SF 3.

Abgestimmte Schichthöhe. Bei Benutzung einer Schichthöhe von 21,05 mm gibt jedes cm Graulösung einen Gehalt von 0,1 mg Mo in 50 ccm Versuchslösung (und damit auch in der angewandten Substanz) an. Die Schichthöhe ist nötigenfalls zu vergrößern.

Empfindlichkeit der Methode. Mengen von etwa 7 γ Mo lassen sich noch quantitativ messen, $^1/_{10}$ davon noch sicher qualitativ nachweisen (ca. $7 \cdot 10^{-9}$ Grammatom Mo).

Besondere Vorschrift für die Analyse von Molybdänstahl: Stähle mit einem Gehalte von 0,1 bis 0,8% Mo werden folgendermaßen behandelt. 0,5000 g Späne werden in einem 150 ccm-Erlenmeyer in 30 ccm „Phosphorschwefelsäure" unter Zusatz einiger Tropfen konz. Salpetersäure gelöst; die klare Lösung wird auf einer Heizplatte bis zum Auftreten von Schwefelsäurenebeln abgedampft. Es dürfen sich dabei noch keine Salze ausscheiden. Man nimmt mit 50 ccm destilliertem Wasser auf und filtriert, wenn Trübungen durch ausgeschiedene Kieselsäure, Niobsäure oder Tantalsäure vorliegen. Das Filtrat wird mit soviel 4n-Natronlauge versetzt, daß eben eine bleibende Trübung auftritt, die mit einigen Tropfen Schwefelsäure (1 : 1) wieder beseitigt wird. Nun fügt man 10 ccm Ferrosulfatlösung (25 g Heptahydrat in 100 ccm Lösung) hinzu und gießt die Lösung in 60 ccm siedendheiße 4n-Natronlauge, die sich in einem 250 ccm-Meßkolben befinden. Man verdünnt mit destilliertem Wasser, kühlt unter der Wasserleitung ab und füllt zur Marke auf.

Nunmehr wird durch ein Weißbandfilter filtriert, wobei die etwa trübe durchgehenden ersten Anteile verworfen werden. 10 ccm vom klaren Filtrat pipettiert man in einen 50 ccm-Meßkolben, verdünnt mit etwa 19 ccm destilliertem Wasser, gibt unter Kühlung 10 ccm Schwefelsäure (1 : 1) hinzu, ferner 0,2 ccm einer Ferrisulfatlösung, die in 100 ccm 14,5 g Enneahydrat und ein paar Tropfen Schwefelsäure (1 : 1) enthält, ferner 5 ccm Rhodankaliumlösung (25 g in 100 ccm) und endlich 5 ccm Zinnchlorürlösung (Herstellung wie oben angegeben). Nach dem Auffüllen zur Marke (mit destilliertem Wasser) und gutem Vermischen wird mit weißem Licht und Filter SF 3 gemessen, und zwar gegen einen Blindansatz, den man statt mit 10 ccm Filtrat mit 1,2 ccm Phosphorschwefelsäure und 2,4 ccm 4n-Natronlauge herstellt.

Man kann als Blindansatz auch eine Lösung verwenden, die durch Behandeln eines Normalstahles genau nach obiger Vorschrift gewonnen ist.

Durch das vorstehend angegebene Verfahren werden sonst mögliche Störungen beim Vorhandensein von Kupfer, Kobalt, Vanadium, Niob und Tantal verhindert.

Abgestimmte Schichthöhe. Die Meßlösung erhält eine Schichthöhe von 52,6 mm. Dann zeigt jedes cm Graulösung einen Gehalt von 0,2% Mo im Stahl an. Bei Molybdängehalten unter 0,1% bis 0,2% verwendet man statt 10 ccm Filtrat und 10 ccm Schwefelsäure 25 ccm Filtrat und 15 ccm Schwefelsäure und dividiert natürlich das Ergebnis durch 2,5.

Mangan

Bestimmungsform: Permanganatfärbung.

Literatur: Siehe die Buchliteratur.

Arbeitsvorschrift: Die Substanz, die nicht mehr als 3 mg Mn enthalten soll, wird (als Lösung von 10 bis 50 ccm Volumen) in einem Erlenmeyerkolben von 100 ccm mit 10 ccm Ammoniumpersulfatlösung (10%) und 2 ccm Silbernitratlösung (2%) versetzt und bis zum beginnenden Sieden erhitzt. Man läßt dann langsam auf 60 bis 70° abkühlen, gibt 5 ccm Phosphorsäure ($d = 1{,}7$; 83%) zur Beseitigung einer vorhandenen Ferrisalzfarbe hinzu und spült nach Abkühlung auf Zimmertemperatur die Mischung in einen 100 ccm-Meßkolben über, der mit destilliertem Wasser zur Marke aufgefüllt wird. Es wird dann sofort mit weißem Licht und Filter SF 6, dessen Schwerpunkt (531 mμ) fast genau mit dem Extinktionsmaximum der Permanganatlösung zusammenfällt, gemessen. Wenn auch noch Chrom in Mengen vom fünf- bis zehnfachen Werte des Mangangehaltes zugegen ist, benutzt man Quecksilberlicht und das Filter QF 546. Bis zur fünffachen Chrommenge (gegenüber Mangan) kann ohne merklichen Fehler auch mit weißem Licht und Filter SF 6 gemessen werden.

Für die Bestimmung des Mangans in Legierungen (Eisen und Stahl) wird das Material in konz. Salzsäure + etwa 10% konz. Salpetersäure gelöst, zur Trockne verdampft, mit Salzsäure 1 : 1 wieder aufgenommen, nochmals abgedampft und der Rückstand einige Zeit im Trockenschranke auf 110 bis 120° erhitzt. Man löst in wenig verdünnter Salzsäure, filtriert von einem Rückstande von SiO_2 (der farblos sein muß!) ab, wäscht gut aus und raucht die Lösung mit konz. Schwefelsäure (wenigen ccm) ab, bis Schwefelsäurenebel auftreten. Den Rückstand nimmt man mit Wasser (oder etwas verdünnter Schwefelsäure) auf und unterwirft ihn — je nach dem Mangangehalte — ganz oder zu einem aliquoten Teile (in letzterem Falle also nach Auffüllung zu einem bestimmten Volumen) der Oxydation zur Bildung des Permanganats, wie oben angegeben. War die Entfernung der Salzsäure unvollkommen, so verrät sich das durch eine Chlorsilbertrübung, welche die Messung stört.

Abgestimmte Schichthöhe. Die Versuchslösung, die das Mangan als Permanganat enthält, wird in einer Schichthöhe von 11,1 mm (für SF 6) oder 13,0 mm (für QF 546) angewandt. Dann entspricht jedes mm Graulösung einem Gehalte von 0,1 mg Mn in 100 ccm der gemessenen Versuchslösung, also auch in der zu 100 ccm Permanganatlösung verarbeiteten Substanz.

Empfindlichkeit der Methode (bei ca. 500 mm Schichtlänge).

Quantitativ meßbar: ca. 20 γ Mn in 100 ccm oder ca. 15 γ Mn in absoluter Menge.

Qualitativ sicher nachweisbar: $^1/_{10}$ dieser Mengen oder ca. $3 \cdot 10^{-8}$ Grammatom Mangan.

Eisen[1]

Bestimmungsform: a) Rotfärbung (des Ferrieisens) in saurer Lösung und Gelbfärbung (des Gesamteisens) in alkalischer Lösung — beides mit Sulfosalicylsäure. b) Grünfärbung des Ferrieisens mit 7-Jod-8-oxy-chinolin-sulfosäure-(5). c) Rotfärbung des Ferroeisens mit α,α'-Dipyridyl. d) Rotfärbung des Ferroeisens mit o-Phenanthrolin.

Literatur (zu Methode a bis d): F. Alten, H. Weiland und E. Hille, Z. anorg. allg. Chem. **215**, 81 (1933); A. Thiel, E. van Hengel und H. Heinrich, Ber. **70**, 2491 (1937); **71**, 756 (1938).

Methode a

Allgemeines. Sulfosalicylsäure ($C_6H_3(OH)(SO_3H)(COOH)$, 2 : 5 : 1) gibt in saurer Lösung mit Ferrisalz eine Rotfärbung, die säurestufenempfindlich ist und auch durch organische Oxysäuren (Weinsäure, Citronensäure)[2]) beeinflußt wird. Um die Farbstärke zu fixieren, wird daher mit Pufferung und unter Zusatz von Citrat gearbeitet.

Ferrosalz gibt unter den gleichen Bedingungen keine Färbung. Mangansalze stören, wenn sie in gleicher oder etwas größerer Menge zugegen sind, wie Eisen, nur wenig (in doppelter Menge bewirken sie z. B. eine nur um etwa 1% zu starke Färbung). Gegebenenfalls ist also Mangan vorher zu entfernen.

In alkalischer Lösung entsteht eine Gelbfärbung, die ebenfalls auf einer Reaktion des Ferrieisens mit Sulfosalicylat beruht. Sie erfaßt den gesamten Eisengehalt, da das Ferroeisen beim Alkalisieren durch den Luftsauerstoff oxydiert wird.

Man kann also in derselben Substanz einmal in saurer Lösung den Gehalt an Ferrieisen, das andere Mal in alkalischer Lösung den Gehalt an Gesamteisen (mithin das Ferroeisen als Differenz) bestimmen.

---

[1]) Eisenbestimmung im Blutserum siehe S. 142.
[2]) Auch Oxalsäure, vgl. S. 99.

a_1) Ferrieisenbestimmung

Folgende Reagentien werden gebraucht:

Lösung von Sulfosalicylsäure, hergestellt durch Auflösen von 10 g Säure in etwa 20 ccm destilliertem Wasser, Neutralisieren bis zur Säurestufe 2 (Tüpfeln mit Tropäolinpapier), Auffüllen mit destilliertem Wasser zu 100 ccm.

Citratpufferlösung der Säurestufe 1,93, hergestellt durch Vermischen von 7 Volumen 0,1 n-HCl mit 3 Volumen 0,1 m-sek. Natriumcitrat (21,01 g Citronensäure in 200 ccm 0,1 n-NaOH gelöst, mit destilliertem Wasser zum Liter aufgefüllt).

1 n-NH_4Cl-Lösung; 0,1 n-NaOH; kalt gesättigte wässerige Lösung von α-Dinitrophenol.

Arbeitsvorschrift. Die Substanz, die nicht mehr als 3 mg Ferrieisen enthalten soll, wird in einen 100 ccm-Meßkolben gebracht; das Volumen der Substanzlösung soll etwa 20 ccm betragen. Man fügt 10 ccm NH_4Cl-Lösung und 1 ccm α-Dinitrophenollösung hinzu. Entsteht jetzt schon eine Gelbfärbung, so wird diese durch Zugeben von verdünnter Salzsäure eben beseitigt. Dann läßt man aus einer Bürette 0,1 n-NaOH zutropfen, bis ein gelblicher Farbton bleibt, fügt 5 ccm Sulfosalicylsäurelösung und 50 ccm Citratpufferlösung hinzu und füllt mit destilliertem Wasser zur Marke auf. Die Messung erfolgt nach 3 bis 4 Stunden mit weißem Licht und Filter SF 4 oder SF 5. Kompensation ist unnötig.

Abgestimmte Schichthöhe. Die Versuchslösung wird in einer Schichthöhe von 20,9 mm (für SF 4) oder von 22,1 mm (für SF 5) angewandt. Dann entspricht jedes Zentimeter Graulösung einer Menge von 1 mg Fe^{+++} in 100 ccm Versuchslösung und damit auch in der angewandten Substanz.

Empfindlichkeit der Methode (bei ca. 500 mm Schichtlänge). Quantitativ bestimmbar ca. 40 γ Fe^{+++} in 100 ccm oder ca. 30 γ Fe^{+++} in absoluter Menge.

Qualitativ sicher nachweisbar $^1/_{10}$ der vorstehenden Mengen oder ca. $5 \cdot 10^{-8}$ Grammatom Fe^{+++}.

a_2) Gesamteisenbestimmung

Benötigte Reagentien:

Sulfosalicylsäurelösung (20 g in 100 ccm destilliertem Wasser).

Citratpufferlösung der Säurestufe 1,93 (wie bei a_1).

Boratpufferlösung der Säurestufe 12,0, hergestellt durch Auflösen von 12,404 g H_3BO_3 in 100 ccm kohlensäurefreier Natronlauge (1 n) und Auffüllen auf 1 Liter.

1 n-NH_4Cl-Lösung; 1 n-Natronlauge.

Arbeitsvorschrift. Die Substanz, die nicht mehr als 0,6 mg Gesamteisen enthalten soll, wird als Lösung in einen 100 ccm-Meßkolben gebracht, hier mit 10 ccm NH_4Cl-Lösung, 2 ccm Sulfosalicylsäurelösung und 20 ccm Citratpufferlösung versetzt. Dann läßt man aus einer Bürette Natronlauge zufließen (unter Umschütteln). Die anfangs rötliche Farbe wird blasser und gelber, immer heller gelb und verschwindet bei geringen Eisengehalten vollkommen. Nun fügt man die Natronlauge kubikzentimeterweise zu, bis sich erneut eine gelbe Färbung zeigt oder die bereits vorhandene sich deutlich verstärkt. Man gibt dann noch 10 ccm Natronlauge und 20 ccm Boratpufferlösung zu und füllt mit destilliertem Wasser zur Marke auf.

Die Messung erfolgt nach 3 Stunden mit weißem Licht und Filter SF 3 oder besser mit Quecksilberlicht und Filter QF 436.

Ein Gehalt an Mangan stört, wenn er mehr als 50% vom Eisengehalte ausmacht. Man muß dann in der Substanz auch das Ferroeisen in Ferrieisen umwandeln (durch 5 Minuten langes Kochen mit einigen ccm Hydroperoxyd (30%) in schwefelsaurer Lösung) und das Gesamteisen nach Methode a_1 bestimmen.

Abgestimmte Schichthöhe. Die Versuchslösung erhält eine Schichthöhe von 41,3 mm (für SF 3) oder von 30,5 mm (für QF 436). Dann entspricht 1 cm Graulösung einem Gehalte von 0,2 mg Gesamteisen in den 100 ccm der Versuchslösung und mithin in der angewandten Substanz.

Empfindlichkeit der Methode (bei ca. 500 mm Schichtlänge).

Quantitativ bestimmbar: ca. 15 γ Fe (SF 3) oder ca. 12 γ Fe (QF 436) in 100 ccm und ca. 12 γ bzw. 9 γ Fe in absoluter Menge.

Qualitativ sicher nachweisbar: $^1/_{10}$ der vorstehenden Mengen oder ca. $2 \cdot 10^{-8}$ Grammatom Fe.

Methode b

Allgemeines. Ferrisalze geben mit 7-Jod-8-oxy-chinolin-sulfosäure („Jodoxinsulfosäure"), die zweckmäßig in Gestalt ihres Natriumsalzes angewandt wird, in nicht zu stark saurer Lösung eine sehr charakteristische und spezifische tiefgrüne Färbung. Die Lösung soll eine Säurestufe von 3 bis 4 haben, also gegen Methylorange eben deutlich sauer reagieren (Tüpfelprobe). Starke Säuren werden mit Ammoniak abgestumpft. Ferrosalze und Salze der meisten sonst praktisch in Frage kommenden Metalle stören nicht, außer Kupfersalz, das einen Niederschlag mit dem Reagens bildet und daher vorher zu entfernen ist.

Organische Oxysäuren beeinträchtigen die Farbe.

Arbeitsvorschrift. Die Substanzprobe, die nicht mehr als 0,6 mg Fe^{+++} enthalten soll, wird auf die vorgeschriebene Säurestufe gebracht und in einem 100 ccm-Meßkolben mit 6 ccm einer $2^0/_0$igen wässerigen Lösung von jodoxinsulfosaurem Natrium versetzt, worauf mit destilliertem Wasser zur Marke aufgefüllt wird. Die Messung kann sofort erfolgen; die Färbung ist sehr lange beständig (viele Stunden). Man benutzt weißes Licht und Filter SF 9 oder SF 10.

Will man außer dem Gehalte an Fe^{+++} auch den Gesamteisengehalt bestimmen, so oxydiert man in einer weiteren Substanzprobe das Fe^{++} mit Hydroperoxyd (siehe Methode a_2).

Abgestimmte Schichthöhe. Man gibt der Versuchslösung eine Schichthöhe von 23,1 mm (für SF 9) oder von 24,5 mm (für SF 10). Dann zeigt jedes mm Graulösung 20 γ Fe^{+++} in 100 ccm Versuchslösung und damit auch in der angewandten Substanz an.

Empfindlichkeit der Methode (bei ca. 500 mm Schichtlänge).

Quantitativ bestimmbar: ca. 10 γ Fe^{+++} in 100 ccm oder ca. 8 γ Fe^{+++} in absoluter Menge.

Qualitativ sicher nachweisbar: $^1/_{10}$ der vorstehenden Mengen oder ca. $1{,}5 \cdot 10^{-8}$ Grammatom Fe^{+++}.

Methode c

Allgemeines. Die Bildung des roten Komplexes von Fe^{++} mit Dipyridyl[1]) $[Fe(C_{10}H_8N_2)_3{}^{++}]$ soll in neutraler oder nur schwach saurer Lösung erfolgen. Man hält die Reaktion zwischen den Säurestufen 4 und 7, indem man einen Acetatpuffer verwendet, der Essigsäure und Acetat in einem Verhältnis enthält, das zwischen 5

[1]) Merck.

und 0,005 liegen darf. Eine solche Lösung reagiert gegen Lackmus sauer, nicht dagegen (deutlich) gegen Methylorange. Fremde Kationen stören nicht, außer Zink, das eine Trübung verursacht, also entfernt werden muß. Man muß aber bei Gegenwart fremder Metalle in größerer Menge etwas mehr von dem Reagens nehmen (bis die Ferrofärbung sich bei weiterem Zusatze nicht mehr verstärkt). Auch Mangan ist bis zu Mengen vom hundertfachen Betrage der Eisenmenge ohne Einfluß. Organische Oxysäuren stören nicht. Jodide in größerer Konzentration, Rhodanide und einige seltener vorkommende andere Anionen dürfen nicht zugegen sein.

Die Dipyridylmethode liefert unmittelbar den Ferroeisengehalt. Der gebildete Komplex ist in neutraler Lösung an der Luft völlig stabil, in der vorgeschriebenen schwach sauren Lösung mehrere Stunden unverändert haltbar und nur in stark saurer Lösung merklich unbeständig.

Will man Ferrieisen zu Ferrosalz reduzieren und so auch den Gesamteisengehalt mit Dipyridyl bestimmen, so reduziert man die Substanzprobe mit Natriumsulfit in der vorgeschriebenen schwach sauren Lösung, außer wenn Oxalat, Citrat oder Phosphat zugegen sind; in letzteren Fällen benutzt man zur Reduktion Hydrochinon. Man kommt dabei mit je 5 ccm entweder einer $5^0/_0$igen Sulfitlösung oder einer $2^0/_0$igen Hydrochinonlösung aus. Tartrathaltige Lösungen dürfen nicht mit Hydrochinon reduziert werden, weil sich dabei eine störende Färbung bildet, sondern nur mit Sulfit.

Arbeitsvorschrift. Die Lösung der Substanz, die nicht mehr als 0,3 mg Fe^{++} enthalten soll, wird zunächst, da sie im allgemeinen sauer reagieren wird, mit verdünnter Lauge gegen Lackmus neutral gemacht (Tüpfeln), mit 5 ccm einer Acetatpufferlösung (für Essigsäure und für Natriumacetat je 1 n), sowie mit 5 ccm einer $0{,}5^0/_0$igen wässerigen Lösung von α,α'-Dipyridyl versetzt und im 100 ccm-Meßkolben mit destilliertem Wasser zur Marke aufgefüllt.

Die Messung kann sofort (oder auch nach 1 bis 2 Stunden) erfolgen. Es wird weißes Licht in Verbindung mit dem Filter SF 5 angewandt.

Abgestimmte Schichthöhe. Man benutzt eine Schichthöhe der Versuchslösung von 34,5 mm. Dann entspricht jedes mm Graulösung einer Menge von 10 γ Fe^{++} in 100 ccm Versuchslösung und damit in der angewandten Substanzprobe.

Empfindlichkeit der Methode (bei ca. 500 mm Schichtlänge). Quantitativ bestimmbar sind ca. 7 γ Fe^{++} in 100 ccm oder ca. 5 γ Fe^{++} in absoluter Menge.

Qualitativ sicher nachweisbar ist $^1/_{10}$ der vorstehenden Mengen oder rund $1 \cdot 10^{-8}$ Grammatom Fe^{++}.

Methode d

Allgemeines. Der Komplex des Ferroions mit o-Phenanthrolin ($C_{12}H_8N_2$)[1]) ist dem Dipyridylkomplex analog gebaut. Auch die Farben sind sehr ähnlich. Die Farbe des ersteren ist etwas stärker und ein wenig gelblicher.

Hinsichtlich der Vorbereitung der Substanzlösung (Herstellung eines bestimmten Säurestufengebietes) gilt die Vorschrift der Methode c. Ebenso hat die Reduktion von Ferrisalz (für die Gesamteisenbestimmung) in der dort angegebenen Weise zu erfolgen.

Oxalsäure und Citronensäure dürfen nicht in größerer Menge als dem Fünfzigfachen der Eisenmenge zugegen sein, während Weinsäure noch bei einer Konzentration von 1 g in 100 ccm Versuchslösung nichts schadet.

Keine Störung bewirken Ag^+, Al^{+++}, Cu^{++}, Mg^{++}, Mn^{++}, Ni^{++}, Pb^{++}, Ti^{++++}, Zn^{++}, PO_4''', SiO_2, auch wenn sie im tausendfachen Betrage der Eisenmenge zugegen sind. Dagegen darf das Mengenverhältnis $Co^{++} : Fe^{++}$ den Wert 5 nicht übersteigen, wenn die Fehler unter 1% bleiben sollen. Fe^{+++} gibt keine Färbung.

Arbeitsvorschrift. Die Lösung des Ferrosalzes, die nicht mehr als 0,2 mg Fe^{++} enthalten soll, wird schwach essigsauer gemacht (siehe das Verfahren der Methode c), im 100 ccm-Meßkolben mit 3 ccm einer 1%igen wässerigen Lösung von o-Phenanthrolin-hydrochlorid versetzt und zur vollen Entwicklung der Färbung 10 Minuten stehen gelassen. Nach dem Auffüllen mit destilliertem Wasser wird mit weißem Licht und Filter SF 5 gemessen. Die Färbung ist tagelang unverändert haltbar.

---

[1]) Merck.

Abgestimmte Schichthöhe: Wendet man 25,0 mm Schichthöhe an, so entspricht jedes mm Graulösung einer Menge von 10 γ Fe^{++} in 100 ccm Versuchslösung und somit auch in der verarbeiteten Substanzmenge.

Empfindlichkeit der Methode (bei ca. 500 mm Schichtlänge).

Quantitativ bestimmbar sind 5 γ Fe^{++} in 100 ccm Lösung oder etwa 4 γ Fe^{++} in absoluter Menge.

Qualitativ sicher nachweisbar ist $^1/_{10}$ der vorstehenden Mengen oder rund $7 \cdot 10^{-9}$ Grammatom Fe^{++}.

Nickel

Bestimmungsform: Rotbraune Färbung mit Dimethylglyoxim [$(CH_3)_2C_2(NOH)_2$] und Oxydationsmitteln in alkalischer Lösung (Zusammensetzung des Farbstoffs nicht sicher bekannt).

Literatur: A. P. Rollet, Compt. rend. **183**, 212 (1926); K. Dietrich und K. Schmitt, Z. f. anal. Chem. **109**, 28 (1937).

Arbeitsvorschrift. Die Substanzlösung, die nicht mehr als 0,4 mg Nickel enthalten soll, wird in einem 100 ccm-Meßkolben mit 5 ccm gesättigtem Bromwasser, 5 ccm 12%igem Ammoniakwasser und 3 ccm einer 1%igen alkoholischen Lösung von Dimethylglyoxim versetzt, worauf mit destilliertem Wasser zur Marke aufgefüllt und sofort gemessen wird. Beim Alkalisieren entstehende Niederschläge [z. B. $Fe(OH)_3$] sind vor dem Zusatze des Dimethylglyoxims durch Filtration zu entfernen. Die Nickelfärbung ist nur kurze Zeit beständig; schon nach 10 Minuten zeigt die Extinktionskurve eine deutliche Veränderung.

Die Messung erfolgt mit weißem Licht und Filter SF 6 oder mit Quecksilberlicht und Filter QF 546.

Abgestimmte Schichthöhe. Die Versuchslösung wird in einer Schichthöhe von 38,5 mm (für SF 6) oder von 40,1 mm (für QF 546) angewandt. Dann entspricht 1 cm Graulösung einer Menge von 0,1 mg Ni in 100 ccm Versuchslösung und damit in der angewandten Substanz.

Empfindlichkeit der Methode (bei ca. 500 mm Schichtlänge).

Quantitativ bestimmbar ca. 8 γ Ni in 100 ccm oder ca. 6 γ Ni in absoluter Menge.

Qualitativ sicher nachweisbar $^1/_{10}$ dieser Mengen oder rund $1 \cdot 10^{-8}$ Grammatom Nickel.

Nitrit

Bestimmungsform: Farbstoffbildung (Rotfärbung) der Salpetrigen Säure a) mit Sulfanilsäure + 1-Naphthylamin-2-sulfosäure; b) mit Novocain + α-Naphthylamin[1]).

Literatur: Methode b: L. Jendrassik und E. Falcsik-Szabó, Biochem. Ztschr. **261**, 110 (1933). — Methode a: Modifikation der älteren Methode b nach einem Vorschlage von Dr. R. Diehl.

Methode a

Arbeitsvorschrift.

Reagentien:

5 g Sulfanilsäure werden mit 15 ccm konzentrierter Salzsäure versetzt und durch Zusatz von 30 ccm heißen Wassers gelöst. Es wird mit destilliertem Wasser zum Liter aufgefüllt.

0,5 g 1-Naphthylamin-2-sulfosäure werden unter Schütteln in 150 ccm Wasser gelöst. Die Lösung ist bei Aufbewahrung im Dunkeln lange Zeit haltbar.

Ausführung der Reaktion:

In ein Meßkölbchen von 25 ccm gibt man 5 ccm Sulfanilsäurelösung, die nitrithaltige Substanzlösung (die höchstens 0,05 mg NO_2' enthalten soll) und 5 ccm der Naphthylaminsulfosäurelösung, worauf man etwa 15 Minuten bis zur völligen Entwicklung der Färbung wartet. Nach einem Zusatz von 4 ccm konzentrierter Salzsäure und Abkühlung auf Zimmertemperatur wird mit destilliertem Wasser zur Marke aufgefüllt.

Fremde kupplungsfähige Amine oder Phenole dürfen nicht zugegen sein.

Abgestimmte Schichthöhe. Bei der Messung mit weißem Licht und Filter SF 6 wird die Versuchslösung in 13,5 mm Schicht-

---

[1]) Über die Verwendung dieser Reaktionen zur Kaliumbestimmung siehe S. 50.

höhe, bei der Messung mit Quecksilberlicht und Filter QF 546 in 13,1 mm Schichthöhe angewandt. Dann entspricht jedes mm Graulösung einer Menge von 1 γ NO_2' in 25 ccm Versuchslösung und damit auch in der angewandten Substanz.

Empfindlichkeit der Methode. Rechnet man mit 150 mm Schichtlänge (wofür 25 ccm gut ausreichen), so läßt sich noch eine Menge von ca. 0,8 γ NO_2' quantitativ bestimmen, ca. 0,08 γ NO_2' oder ca. $2 \cdot 10^{-9}$ Mol qualitativ sicher nachweisen.

Methode b

Arbeitsvorschrift.

Reagentien:

3 g Novocain-hydrochlorid werden in 15 ccm Eisessig (zur Analyse) gelöst und mit destilliertem Wasser zu 100 ccm aufgefüllt.

0,2 g α-Naphthylamin werden mit 30 ccm Wasser einige Minuten lang gekocht und heiß filtriert; der Filterrückstand wird zweimal mit je 30 ccm heißem Wasser gewaschen, zum Filtrat Eisessig (30 ccm, zur Analyse) gegeben und die abgekühlte Mischung mit destilliertem Wasser auf 150 ccm aufgefüllt. Die Lösung ist in brauner Flasche und im Dunkeln etwa 1 Woche lang haltbar.

Ausführung der Reaktion: In ein 25 ccm-Meßkölbchen gibt man 5 ccm Novocainlösung, 5 ccm Naphthylaminlösung und dann erst die Substanzlösung, die nicht mehr als 0,05 mg NO_2' enthalten soll. Man wartet 45 Minuten zur vollen Entwicklung der Färbung und füllt dann mit destilliertem Wasser zur Marke auf.

Die Messung erfolgt zweckmäßig mit Quecksilberlicht und Filter QF 546 (siehe S. 54).

Abgestimmte Schichthöhe. Die Versuchslösung erhält eine Schichthöhe von 15,84 mm; dann entspricht jedes mm Graulösung einer Menge von 1 γ NO_2' in 25 ccm Versuchslösung und somit auch in der angewandten Substanzprobe.

Empfindlichkeit der Methode. Bei 150 mm Schichtlänge (mit 25 ccm bequem herstellbar) läßt sich eine Menge von 1 γ NO_2' noch quantitativ bestimmen, der zehnte Teil davon oder ca. $2 \cdot 10^{-9}$ Mol noch mit Sicherheit qualitativ nachweisen.

Rhodan[1])

Bestimmungsform: Rotfärbung des Ferrirhodanids.

Literatur: C. Urbach, Biochem. Ztschr. **237**, 189 (1931).

Arbeitsvorschrift. Die Substanzlösung, die nicht mehr als 0,03 mg CNS' enthalten soll, wird in ein 10 ccm-Meßkölbchen gebracht und mit 1 ccm Reißnerschem Reagens (80 ccm ausgekochte 10%ige Salpetersäure + 40 ccm $^1/_3$ m-Ferrisulfatlösung + 40 ccm destilliertes Wasser) vermischt, worauf mit destilliertem Wasser zur Marke aufgefüllt wird. Die fertige Lösung darf nicht ins direkte Sonnenlicht gebracht werden und ist möglichst rasch zu messen. Man benutzt weißes Licht und das Filter SF 3 (dessen Schwerpunkt nahezu mit dem Extinktionsmaximum — 455 mμ — zusammenfällt) oder Quecksilberlicht und das Filter QF 436. Kompensation ist überflüssig.

Abgestimmte Schichthöhe. Man benutzt für die Versuchslösung eine Schichthöhe von 9,93 mm (für SF 3) oder von 10,7 mm (für QF 436). Dann gibt jedes mm Graulösung einen Gehalt von 1 γ CNS' in 10 ccm der Versuchslösung und mithin auch in der angewandten Substanzprobe an.

Empfindlichkeit der Methode. Mit 10 ccm Versuchslösung kann man etwa 5 cm Schichthöhe bestreiten. Dann läßt sich noch eine Menge von 2 γ CNS' in 10 ccm (und in absoluter Menge) quantitativ messen und 0,2 γ, d. h. ca. $4 \cdot 10^{-9}$ Mol, qualitativ sicher nachweisen.

---

[1]) Über Rhodanbestimmung in Speichel u. dgl. siehe S. 177.

Milchsäure [1])

Bestimmungsform: Rotfärbung mit Veratrol (Brenzcatechindimethyläther) in konzentrierter Schwefelsäure.

Literatur: R. Strohecker, H. Riffart und J. Haberstock, Vorratspfl. u. Lebensmittelforsch. **1**, 93 (1938).

Arbeitsvorschrift. In ein Reagensglas mit Schliffstopfen werden 9 ccm konzentrierte Schwefelsäure einpipettiert, worauf 15 Minuten lang in einer Eiswassermischung gekühlt wird. Nach Zugabe von 1,5 ccm der Substanzlösung, die nicht mehr als 30 mg Milchsäure in 100 ccm (0,3 g im Liter) enthalten soll, und Durchmischung wird erneut 5 Minuten lang gekühlt. Sodann wird das Gefäß für genau 4 Minuten in ein lebhaft siedendes Wasserbad gestellt und hierauf sofort wieder in die Eiswassermischung gebracht. Nach 5 Minuten gibt man 0,3 ccm einer 20%igen Lösung von Veratrol in absolutem Alkohol zu, setzt den Schliffstopfen auf, vermischt durch mehrfaches vorsichtiges Umschwenken und mißt nach Ablauf von mindestens 20 Minuten. Man benutzt weißes Licht mit Filter SF 6 oder Quecksilberlicht mit Filter QF 546.

Abgestimmte Schichthöhe. Auf der Versuchslösungsseite stellt man eine Schichthöhe von 43,3 mm (für SF 6) oder von 55,1 mm (für QF 546) ein. Dann zeigt jedes Millimeter Graulösung 1 mg Milchsäure in 100 ccm der ursprünglichen Lösung an (von der 1,5 ccm zur Reaktion benutzt wurden).

Empfindlichkeit der Methode: Mit dem Reaktionsansatze kann man gerade den Kolorimeterbecher bis zu der angegebenen abgestimmten Schichthöhe füllen. Es läßt sich also noch eine Menge von ca. 0,15 mg Milchsäure in der angewandten Substanzprobe (1,5 ccm) quantitativ bestimmen, eine solche von ca. 0,015 mg qualitativ sicher nachweisen (ca. $1{,}6 \cdot 10^{-7}$ Mol).

---

[1]) Über die Bestimmung von Milchsäure im Blut siehe S. 169.

Phenole

Bestimmungsform: Rotgelbe Färbung beim Kuppeln der Phenole mit diazotiertem p-Nitranilin, Messung in alkalischer Lösung.

Literatur: Nach eigenen Versuchen von H. Gold etwas abgeändertes Industrieverfahren.

Allgemeines. Die Farbe des Azofarbstoffes, der bei der Kuppelung von Phenol mit diazotiertem p-Nitranilin entsteht, ist abhängig von der Art des Phenols. Untersucht worden ist die Farbstoffbildung mit Phenol, mit o-Kresol und mit 1,3,5-Xylenol. Da die Reagenslösung nicht farblos ist, muß mit einem Blindansatze (ohne Phenol, aber sonst genau gleich behandelt) kompensiert werden.

Arbeitsvorschrift. Die Substanzlösung, die nicht mehr als 0,06 mg eines Phenols enthalten soll, wird in ein 25 ccm-Meßkölbchen gebracht und nötigenfalls mit destilliertem Wasser auf etwa 5 ccm verdünnt. Man fügt dazu 5 ccm einer Lösung von p-Nitranilin (0,1725 g in 38,8 ccm n-HCl gelöst und mit destilliertem Wasser im Meßkolben auf 250 ccm aufgefüllt), sowie einige Körnchen reinstes Natriumnitrit. Ist alles in Lösung gegangen und die gelbe Farbe des Nitranilins verschwunden, so werden 8 ccm n-Natronlauge zugegeben, wodurch sofort die rotgelbe Farbe der Azoverbindung hervorgerufen wird; dann wird mit destilliertem Wasser zur Marke aufgefüllt. Nach 5 Minuten wird gegen einen Blindansatz gemessen. Es wird weißes Licht und das Filter SF 4 benutzt.

Abgestimmte Schichthöhe. Folgende Schichthöhen der Versuchslösung werden benutzt:

Bestimmung von:	Phenol	o-Kresol	1,3,5-Xylenol
mm:	28,9	21,3	34,7

Unter diesen Bedingungen gibt jedes mm Graulösung von jedem der drei Phenole (einzeln vorhanden und einzeln bestimmt) eine Menge von $2\,\gamma$ in der angewandten Substanzprobe an. Wenn man also z. B. als Substanzlösung 1 ccm benutzt hat, so zeigt jedes mm Graulösung einen Gehalt der Substanzlösung von $2\,\gamma$ in jedem ccm oder von $2000\,\gamma = 2$ mg im Liter an.

Empfindlichkeit der Methode. Mit 25 ccm Versuchslösung kann man Schichtlängen von etwa 150 mm herstellen. Es lassen sich also ca. $4\,\gamma$ Phenol, $3\,\gamma$ o-Kresol und $5\,\gamma$ Xylenol (1,3,5) in der angewandten Substanzprobe noch quantitativ bestimmen, je $^1/_{10}$ dieser Mengen qualitativ mit Sicherheit nachweisen (das sind ca. $4 \cdot 10^{-9}$ Mol Phenol, $3 \cdot 10^{-9}$ Mol Kresol und $4 \cdot 10^{-9}$ Mol Xylenol).

B. Verfahren für biologisch-medizinische Zwecke

Aceton im Harn

Bestimmungsform: Rotfärbung durch Bildung von Di-o-oxybenzalaceton-alkalisalz bei der Erwärmung von Aceton mit Salicylaldehyd und Kalilauge.

Literatur: C. Urbach, Biochem. Ztschr. **236**, 164 (1931)[1]).

Arbeitsvorschrift. 100 ccm der gut durchgemischten und kalt aufbewahrten Tagesmenge Harn werden im Destillierkolben mit 200 ccm destilliertem Wasser und 5 ccm konzentrierter Schwefelsäure vermischt. Man destilliert 20 Minuten lang in eine Vorlage mit 25 ccm destilliertem Wasser und füllt das Destillat auf 200 ccm auf. Von dieser Lösung des übergegangenen Acetons werden 4 ccm mit 4 ccm Kalilauge (63,6 g reinstes KOH in destilliertem Wasser zu 100 ccm gelöst) und 2 ccm einer 10 gew.-%-igen Lösung von Salicylaldehyd in 96%igem Alkohol vermischt und in einem Wasserbade bei genau 50° genau 20 Minuten unter öfterem Umschütteln erwärmt, rasch abgekühlt und mit destilliertem Wasser auf 25 ccm (im Meßkolben) aufgefüllt.

Man mißt mit weißem Licht und Filter SF 4 gegen eine zur Kompensation dienende Blindprobe (Ansatz mit 4 ccm destilliertem Wasser statt der 4 ccm Acetondestillat).

Abgestimmte Schichthöhe. Man gibt der Versuchslösung (und ebenso der Kompensationslösung) eine Schichthöhe von 13,3 mm. Dann zeigt jedes mm Graulösung einen Acetongehalt von 1 mg in 100 ccm der Urin-Tagesmenge an.

Empfindlichkeit der Methode. Da man mit 25 ccm Versuchslösung eine Schichtlänge von etwa 150 mm herstellen kann, so

---

[1]) Die Bezeichnung des Reaktionsproduktes als Di-o-oxybenzolaceton beruht wohl auf einem Druckfehler; allerdings ist auch die dort wiedergegebene Strukturformel falsch.

läßt sich noch 1 mg Aceton in 100 ccm Harn quantitativ bestimmen, 0,1 mg noch qualitativ sicher nachweisen.

In pathologischen Fällen mit hohen Acetongehalten wird man nur einen Bruchteil von 100 ccm Harn der Destillation unterwerfen und dann das gefundene Ergebnis mit dem Quotienten aus 100 ccm und dem angewandten Harnvolumen multiplizieren (also z. B. verdoppeln, wenn man 50 ccm, verzehnfachen, wenn man 10 ccm Harn destilliert hat). Das gleiche Ergebnis läßt sich erzielen, wenn man vom verdünnten Destillat nicht 4 ccm, sondern einen Bruchteil davon (unter Verdünnung mit destilliertem Wasser auf 4 ccm) zur Reaktion mit Kalilauge und Salicylaldehyd bringt und eine analoge Multiplikation des abgelesenen Wertes vornimmt.

Acetonkörper im Blut

Bestimmungsform: siehe Aceton im Harn.

Literatur: W. Neuweiler, Klin. Wochenschr. **12**, 869 (1933).

Arbeitsvorschrift. 5 ccm Blut (durch Kaliumoxalat vor dem Gerinnen geschützt) mißt man mit einer Vollpipette in einen Erlenmeyerkolben mit Glasstopfen ein und spült die Pipette durch 7maliges Aufsaugen und Ausfließenlassen von je 5 ccm destilliertem Wasser in den Kolben aus (der also nunmehr 40 ccm Blutlösung enthält). Man fügt dann 3 ccm 10%ige Natriumwolframatlösung und (tropfenweise unter Umschütteln) 5 ccm $^2/_3$ n-Schwefelsäure hinzu, setzt den Stopfen auf und schüttelt 6 bis 8mal gut durch. Das ausgefällte Eiweiß wird abzentrifugiert. Von der überstehenden klaren Flüssigkeit werden 30 ccm ($^3/_5$ der Menge) in einem Destillierkolben mit 1,5 ccm konzentrierter Schwefelsäure und 15 ccm einer wässerigen Lösung von 2 g Kaliumbichromat + 20 ccm konzentrierter Schwefelsäure in 100 ccm Gesamtvolumen (Bichromatschwefelsäure) vermischt und 25 Minuten lang ganz langsam (mit kleiner Flamme) in eine mit 25 ccm destilliertem Wasser beschickte Vorlage destilliert. Von dem auf 50 ccm aufgefüllten Destillat werden 20 ccm mit 20 ccm Kalilauge (63,6 g reinstes KOH in destilliertem Wasser zu 100 ccm gelöst) und 10 ccm einer 10 gew.-%igen Lösung von Salicylaldehyd in 96%igem Alkohol gemischt und in einem Wasserbade von genau 50° genau 20 Minuten lang unter öfterem Umschwenken erwärmt. Nach dem Abkühlen auf Zimmertemperatur wird sofort gemessen (mit Kompensation, wie bei der Bestimmung von Aceton im Harn). Man benutzt weißes Licht und das Filter SF 4.

Abgestimmte Schichthöhe. Die Versuchslösung erhält eine Schichthöhe von 44,3 mm. Dann gibt jedes mm Graulösung einen Gehalt von 1 mg Aceton (frei oder als „Acetonkörper" gebunden) in 100 ccm Blut an.

Empfindlichkeit der Methode. Die 50 ccm der Versuchslösung gestatten die Anwendung einer Schichtlänge von ca. 350 mm. Man kann also noch ca. 1,25 mg Aceton in 100 ccm Blut quantitativ bestimmen, 0,125 mg qualitativ sicher nachweisen.

Über das Verfahren bei abnorm großen Acetongehalten siehe die Bestimmung von Aceton im Harn.

Alkohol im Blut

Bestimmungsform: Restbestimmung der durch die Oxydation des Alkohols nicht verbrauchten Menge saurer Bichromatlösung durch Messung der von ihr in Freiheit gesetzten Jodmenge.

Literatur: E. M. P. Widmark, Biochem. Ztschr. **131**, 473 (1922).

Arbeitsvorschrift. Man braucht für die Reaktion Kölbchen mit Schliffstopfen von besonderer Form (Alkoholkölbchen) und ebenso eine besondere Art von Wägepipette (Blutkapillare). Diese Geräte sind in der Abb. 14 dargestellt. Die Kölbchen haben

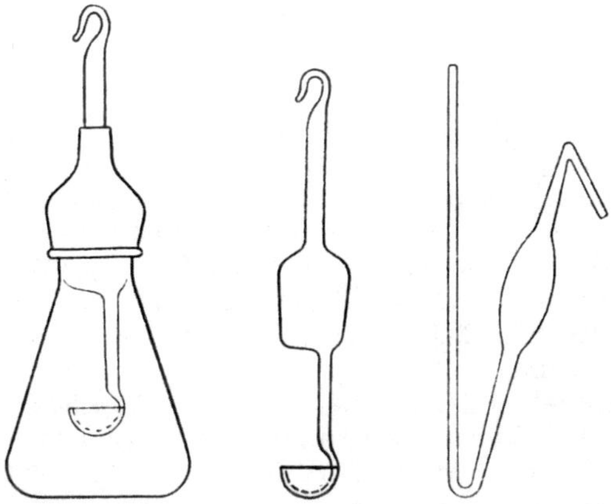

Abb. 14. Apparate zur Alkoholbestimmung
a Kölbchen mit Stopfen und Gummikappe
b Löffelstopfen
c Blutkapillare

50 ccm Inhalt. Die Pipette soll in leerem Zustande nicht mehr als 0,3 g wiegen und 0,1 bis 0,15 ccm Blut fassen. Die Blutmenge wird durch Wägung der Pipette vor und nach der Füllung bestimmt. Die Abbildung zeigt die Pipette in einem (im Vergleich

mit dem des Kölbchens) vergrößerten Maßstabe. Das an den Schliffstopfen des Kolbens angeschmolzene Schälchen soll etwa 0,2 ccm Flüssigkeit aufnehmen können. Um Kölbchen und Stopfen fest zu verbinden, läßt man zweckmäßig Kolbenhals und Stopfen mit je einem Paar von Glashaken versehen, um die man Gummischnüre schlingen kann; diese Art der Verbindung ist bequemer als das sonst empfohlene Überziehen einer Gummikappe (wie sie in der Teilabbildung 14a dargestellt ist).

Man führt stets gleichzeitig 3 Proben und 3 Blindproben aus, deren Ergebnisse zur Bildung von Mittelwerten dienen. Alle Geräte müssen peinlich sauber sein und dürfen keinerlei reduzierende Substanzen (Fett oder dergleichen) an ihrer Oberfläche (soweit sie mit der Bichromatschwefelsäure in Berührung kommt) enthalten.

Im einzelnen wird folgendermaßen vorgegangen:

a) Entnahme und Abmessung des Blutes. 3 Blutkapillaren (sorgfältig gereinigt) werden mit einer heißen Lösung von 10 g Kaliumfluorid und 5 g sekundärem Kaliumoxalat in 30 ccm destilliertem Wasser gefüllt, wieder ausgeblasen, nochmals gefüllt und nochmals ausgeblasen, worauf sie im Vakuumexsikkator getrocknet werden. Bei längerer Aufbewahrung werden die Enden mit Gummikappen verschlossen. Bei dieser Operation benutzt man einen dünnen Gummischlauch, den man an das Ende des langen Pipettenschenkels anschließt; vom kurzen Schenkel aus erfolgt die Füllung.

Die Blutentnahmestelle (Fingerbeere, Ohrläppchen) wird nicht mit Äther oder Alkohol, sondern mit Seifenwasser und Sublimatlösung (1‰) gereinigt und desinfiziert. Die Blutkapillaren werden (wiederum vom kurzen Schenkel aus) mit Blut gefüllt, außen sorgfältig abgewischt, mit den Gummikappen verschlossen und gewogen.

b) Durchführung der Reaktion. Die 6 Alkoholkölbchen werden aus einer 1 ccm-Vollpipette (geeicht) mit je 1 ccm Bichromatschwefelsäure (0,5 g Kaliumbichromat in einem 200 ccm-Meßkolben in 4 ccm destilliertem Wasser gelöst und mit konzentrierter Schwefelsäure [reinst, $d = 1{,}84$] zur Marke aufgefüllt und in brauner Flasche gut verschlossen aufbewahrt) beschickt. Hierbei berührt man mit der Pipettenspitze den Boden des Kölbchens und wartet so genau 30 Sekunden nach Entleerung der Pipette das Nachlaufen der Flüssigkeit ab. Bei Proben und Blindproben muß absolut identisch verfahren werden, weil davon die Genauigkeit der Bestimmung wesentlich abhängt. An den Kolbenhalsschliff darf keine Spur von Bichromatschwefelsäure gelangen (Pipetten vor dem Auslauf außen sorgfältig mit Asbestwolle oder Glaswolle abwischen).

Nach dem Beschicken der Kölbchen werden die Schliffstopfen aufgesetzt.

Nunmehr werden die inzwischen mit Blut gefüllten und dann durch Gummikappen verschlossenen Blutkapillaren in die Reaktionsgefäße entleert. Man nimmt zu diesem Zwecke einen Stopfen ab, hängt ihn sicher am Haken auf und läßt den Inhalt der von den Verschlüssen befreiten Blutkapillare unter leichtem Blasen in das Stopfenschälchen fließen, worauf die Kapillare wieder verschlossen und so zurückgewogen wird. Die Gewichtsabnahme gegen die erste Wägung liefert das Gewicht des zur Reaktion benutzten Blutes (in Milligramm). Der Stopfen ist sofort nach der Aufnahme der Blutprobe auf den Kolben aufgesetzt und durch den Gummifadenverschluß gesichert worden.

In gleicher Weise werden nacheinander auch die übrigen beiden Substanzkolben mit Blut versehen, während bei den Blindproben natürlich die Einmessung des Blutes unterbleibt.

Auf den Kolbenrand oberhalb des Schliffes bringt man einen Tropfen destilliertes Wasser und sorgt durch leichtes Anheben des Stopfens und Drehbewegungen dafür, daß der Schliff (zur sicheren Dichtung) von dem Wasser gleichförmig benetzt wird.

Um die Verdampfung des Alkohols (samt dem Wasser) aus dem Blute und seine Reaktion mit der Bichromatschwefelsäure zu gewährleisten, werden die Kolben 2 Stunden lang auf 50° erwärmt (in einem Luftbade, einem Trockenschrank oder im Wasserbade). Nach dieser Zeit hat sich das Blut in ein trockenes Pulver verwandelt. Wenn man jetzt die Kolben öffnet, muß man daher sorgsam darauf achten, daß nichts von dem Blutpulver in die Bichromatschwefelsäure fällt, wodurch der Versuch verdorben werden würde.

Man fügt jetzt zum abgekühlten Kolbeninhalte 15 ccm destilliertes Wasser, kühlt wieder ab, gibt 0,5 ccm einer 5%igen Kaliumjodidlösung zu, läßt genau 3 Minuten lang stehen, spült in einen 50 ccm-Meßkolben über, wäscht mit destilliertem Wasser nach und füllt zur Marke auf.

Die Messung erfolgt mit Quecksilberlicht und Filter QF 436. Hierbei wird gegen den Blindansatz als Kompensationsflüssigkeit gemessen, und zwar in der Anordnung, daß sich im Kolorimeter über dem Blindansatze Wasser, über der Versuchslösung die Graulösung (der Graukeil) befindet. Die Extinktion der Meßmittel entspricht also bei Helligkeitsgleichheit dem Extinktionsdefizit der Jodlösung, das durch den Ausfall eines Teiles des Bichromats (eben infolge seiner Reduktion durch den Alkohol) verursacht ist.

Wir nennen dieses Verfahren die „Messung der Überkompensation durch die Blindprobe". Es ist eine neuartige Anwendungsform der Absolutkolorimetrie, bei der ebenfalls mit abgestimmter Schichthöhe gearbeitet werden kann.

Abgestimmte Schichthöhe. Für 1 mg angewandtes Blut ist die abgestimmte Schichthöhe gleich 4890 mm. Dann gibt jedes cm Graulösung 1 Promille Alkohol im Blut (1 g im Kilogramm oder 1 mg im Gramm) an. Da man nun in der Praxis mit wesentlich größeren Bluteinwaagen arbeitet (im allgemeinen zwischen 100 und 150 mg), so hat man die obige Grundzahl durch die Zahl der eingewogenen Milligramm Blut zu dividieren, würde also bei genau 100 mg Blut eine Schichthöhe von 48,9 mm, bei genau 150 mg eine solche von 32,6 mm anwenden müssen, um sofort die Promille Alkohol im Blut (entsprechend den cm Graulösung) an der Skala ablesen können. Da aber die Blindprobe bei einer Schichthöhe von 20 mm bereits 26 mm Graulösung erfordert, darf man keinesfalls mehr als 30 mm Schichthöhe anwenden, würde also in dem vorstehend angenommenen Beispiele Schichthöhen von $\frac{48{,}9}{2} = 24{,}45$ mm bzw. $\frac{32{,}6}{2} = 16{,}3$ mm einstellen und dafür die an der Grauskala abgelesenen Werte verdoppeln.

Empfindlichkeit der Methode. Mit Rücksicht auf die im Höchstfalle anwendbare Schichthöhe läßt sich bei einer Einwaage von 100 mg Blut noch ein Alkoholgehalt von ca. 2 Promille, bei einer solchen von 150 mg ein Gehalt von ca. 1 Promille, quantitativ bestimmen, jeweils $^1/_{10}$ davon mit Sicherheit qualitativ nachweisen.

Aminosäurestickstoff im Harn

Bestimmungsform: Rotbraune Färbung (Extinktionsmaximum bei 465 mμ) der Aminosäuren in Acetatpufferlösung mit β-(1,2,4)-naphthochinon-sulfosaurem Natrium.

Literatur: O. Folin, Journ. Biol. Chem. **51**, 393 (1922); siehe auch die Buchliteratur.

Arbeitsvorschrift. 25 ccm Harn werden zur Entfernung des (als Ammoniumsalz vorhandenen) Ammoniaks 5 Minuten lang mit 2 bis 3 g Permutit (Bezugsquelle: Permutit A.-G., Berlin NW 7)[1] langsam, aber anhaltend geschwenkt. Man gießt vom verbrauchten Permutit ab und behandelt die Flüssigkeit dieselbe Zeit lang mit einer neuen Menge Permutit. Nach dem Absitzen pipettiert man 5 ccm der klaren Lösung in einen 100 ccm-Meßkolben und versetzt mit 1 ccm 0,1 n-HCl. Man fügt 1 ccm einer 1,25%igen Lösung von Natriumcarbonat (auf Anhydrid berechnet), 3 ccm Wasser und 5 ccm einer frisch bereiteten Lösung von 0,1 g 1,2,4-naphthochinonsulfosaurem Natrium (Merck) in 20 ccm destilliertem Wasser hinzu. Man läßt die Mischung nunmehr 15 bis 30 Stunden im Dunkeln stehen. Zu der jetzt braun gefärbten Lösung gibt man 1 ccm einer Mischung aus gleichen Raumteilen 50%iger Essigsäure und 5%iger Natriumacetatlösung (Acetatgemisch), sowie (zur Beseitigung von Fremdfärbungen) 5 ccm einer 4%igen Natriumthiosulfatlösung. Hierauf wird zur Marke aufgefüllt.

Man mißt unter Kompensation durch eine identisch behandelte Blindprobe mit weißem Licht und Filter SF 3 oder mit Quecksilberlicht und Filter QF 436.

Abgestimmte Schichthöhe. Die Versuchslösung erhält eine Schichthöhe von 16,7 mm (für SF 3) oder von 19,7 mm (für QF 436). Dann zeigt jedes mm Graulösung 1 mg Aminosäure-

---

[1]) Siehe auch S. 125 und 126.

stickstoff in 100 ccm Harn an. Es lassen sich Gehalte bis zu 40 mg $^0/_0$ ohne weitere Verdünnung der Versuchslösung messen.

Empfindlichkeit der Methode. Mit 100 ccm Versuchslösung kann man reichlich 500 mm Schichtlänge herstellen. Man kann also (mit SF 3) noch ca. $^1/_3$ mg Aminosäurestickstoff in 100 ccm Harn quantitativ bestimmen, $^1/_{10}$ dieser Menge mit Sicherheit qualitativ nachweisen.

Aminosäurestickstoff im Blut

Bestimmungsform: Wie bei der Bestimmung im Harn.

Literatur: O. Folin, Journ. Biol. Chem. **51**, 377 (1922); U. Simonelli, Riforma medica **12** (Anno L), 445 (1934); referiert Kongr.-Zentralbl. **77**, 314 (1934); I. S. Danielson, Journ. Biol. Chem. **101**, 505 (1935).

Arbeitsvorschrift. In ein Zentrifugenglas pipettiert man 4 ccm Wasser ein, läßt in dieses 1 ccm Blut fließen und spült die Blutpipette durch mehrfaches Aufsaugen und Wiederausfließenlassen der verdünnten Blutlösung aus. Es wird dann 1 ccm einer frischen (nicht mehr als 3 Tage alten) 7%igen Lösung von Metaphosphorsäure (Kahlbaum) zugesetzt und durch Umschwenken die vollkommene Vermischung bewirkt.

Sobald die Oberflächenschicht klar wird, schleudert man mit hohen Touren etwa 5 Minuten lang, so daß über dem Niederschlage eine vollkommen klare Lösung steht. Von dieser werden 3 ccm abpipettiert und in ein 10 ccm-Meßkölbchen gebracht, worauf 1 ccm Sodalösung (1,25%ige Lösung des Anhydrids) und 0,5 ccm frisch bereitete 0,5%ige Lösung von 1,2,4-naphthochinonsulfosaurem Natrium (Merck) zugesetzt werden. Der Kolben bleibt nun verschlossen im Dunkeln 15 bis 30 Stunden stehen, worauf $^3/_4$ bis 1 ccm Acetatgemisch (siehe die Bestimmung im Harn) und $^3/_4$ ccm 4%ige Natriumthiosulfatlösung zugemischt werden und unter Homogenisierung durch Schütteln das Auffüllen zur Marke erfolgt.

Zur Kompensation dient die identisch behandelte Blindprobe. Gemessen wird mit weißem Licht und Filter SF 3 oder mit Quecksilberlicht und Filter QF 436.

Abgestimmte Schichthöhe. Die Versuchslösung wird in einer Schichthöhe von 16,7 mm (für SF 3) oder von 19,7 mm (für QF 436) angewandt. Dann geben die mm Graulösung die mg % Aminosäurestickstoff im Blute an.

Empfindlichkeit der Methode. Da man mit 10 ccm Versuchslösung 50 mm Schichthöhe herstellen kann, läßt sich (mit SF 3) noch ein Gehalt von ca. 3 mg Aminosäurestickstoff in 100 ccm Blut quantitativ bestimmen und $^1/_{10}$ dieser Menge qualitativ sicher nachweisen.

Ammoniak im Harn

Bestimmungsform: Braunrote Färbung mit Nesslers Reagens (siehe S. 80).

Literatur: C. Urbach, Biochem. Ztschr. **259**, 351 (1933).

Arbeitsvorschrift. Die Isolierung des (als Ammoniumsalz vorhandenen) Ammoniaks aus dem Harn erfolgt durch Schütteln mit gereinigtem Permutit (Natriumpermutit), aus dem beim Behandeln mit Natronlauge und Nesslers Reagens das Ammoniak wieder herauskommt und in die Farbreaktion eintritt.

In einem 50 ccm-Meßkolben werden 2 g Permutit (Permutit A.-G., Berlin NW 7, Luisenstr. 80) zweimal mit destilliertem Wasser (dessen Freiheit von Ammoniak durch Prüfung mit Nesslers Reagens festgestellt ist), einmal mit 2%iger Essigsäure und zuletzt noch zweimal mit destilliertem Wasser gewaschen. Man läßt jedesmal absitzen und dekantiert die Waschflüssigkeit.

Man gibt dann 0,4 ccm des zu untersuchenden Harns (womöglich in ganz frischem Zustande, sonst — nur für kürzere Zeit — in brauner Flasche aufbewahrt) und 10 bis 15 ccm Wasser hinzu und schüttelt 5 Minuten lang gleichmäßig durch. Das am Kolbenhalse sitzende Permutit wird mit destilliertem Wasser heruntergespült, die überstehende Flüssigkeit, sobald sie ganz klar geworden, vom Permutit abdekantiert, letzteres zweimal mit etwas destilliertem Wasser gewaschen und jedesmal gut dekantiert. Schließlich gibt man zum Permutit 5 ccm destilliertes Wasser, 1 ccm 10%ige carbonatfreie Natronlauge, schüttelt einige Male gut um, verdünnt auf etwa 40 ccm und fügt 5 ccm Nesslers Reagens hinzu (siehe S. 81), worauf zur Marke aufgefüllt wird.

Von stark verdünnten oder stark konzentrierten Harnen werden 0,8 ccm oder 0,2 ccm verarbeitet; die abgelesenen Werte müssen dann durch 2 dividiert oder mit 2 multipliziert werden.

Die Messung erfolgt nach einer Wartezeit von 10 Minuten unter Kompensation mit einer Blindprobe (ohne Harn und Permutit) und Verwendung von Quecksilberlicht mit Filter QF 436.

Abgestimmte Schichthöhe. Die Versuchslösung erhält eine Schichthöhe von 47,9 mm. Dann gibt jedes mm Graulösung einen Gehalt von 1 mg NH_3 in 100 ccm Harn an. Will man an der Graulösungsskala unmittelbar Gehalte an Ammoniakstickstoff ablesen, so hat man 39,4 mm Versuchslösung einzustellen; die mm Graulösung entsprechen dann den mg Ammoniakstickstoff (N) in 100 ccm Harn.

Empfindlichkeit der Methode. Mit Rücksicht auf die bei geringen NH_3-Gehalten auftretenden Komplikationen (s. S. 83) richtet man es zweckmäßigerweise so ein, daß man bei ca. 50 mm abgestimmter Schichthöhe nicht wesentlich unter 25 mm Graulösung findet, d. h. man verarbeitet bei NH_3-armem Harn ein entsprechendes Vielfaches der Normalmenge von 0,4 ccm. Die vorstehend angegebene Mindesthöhe der Graulösung entspricht gerade dem Normalgehalte des Harns (etwa 25 mg NH_3 in 100 ccm). Eine weitere Ausnutzung der an sich höheren Empfindlichkeit der Methode ist nicht anzuraten.

Reinigung des Permutits. Da das benötigte Spezialpräparat (Permutit nach Folin zur Ammoniakbestimmung) teuer ist — 1 kg kostet 20 RM —, lohnt sich die Aufarbeitung des gebrauchten Präparats. Diese geschieht in folgender Weise[1]:

Man wäscht das Präparat zunächst mit warmer verdünnter Natronlauge, dann mit 2%iger Kaliumjodidlösung, weiterhin mit 2%iger Essigsäure und schließlich mehrfach mit destilliertem Wasser. Das gereinigte Präparat läßt sich noch viermal benutzen, wenn es jedesmal nach Gebrauch wieder gereinigt wird. Seine spätere Erschöpfung ist durch den Verlust austauschbaren Natriums bedingt.

---

[1] Siehe C. Urbach, Biochem. Ztschr. **259**, 352 (1933).

Ammoniak im Blut

Bestimmungsform: Wie bei Ammoniak im Harn.

Literatur: Siehe die Buchliteratur.

Arbeitsvorschrift. In eine kleine Gaswaschflasche (B) gibt man 5 ccm Blut, 30 ccm (ammoniakfreies!) destilliertes Wasser, 3 ccm Sodalösung (10%ig für das Dekahydrat) und 5 ccm Toluol (zur Verhinderung der Schaumbildung). Vor die Waschflasche schaltet man eine zweite Waschflasche (A) mit 50 ccm 10%iger Schwefelsäure, die das Eintreten von Ammoniak der Luft beim Einleiten in die Blutwaschflasche verhüten soll. Hinter die letztere wird als dritte Waschflasche (C) ein mit doppelt durchbohrtem Stopfen und dünnem Einleitungsrohr versehenes 10 ccm-Meßkölbchen geschaltet, das 1 ccm 0,1 n-Schwefelsäure in 4 ccm destilliertem Wasser (ammoniakfrei!) enthält. In ihm wird das aus der Blutwaschflasche entweichende Ammoniak aufgefangen. Man leitet durch die 3 Waschflaschen in der Reihenfolge A→B→C eine halbe Stunde lang einen kräftigen Luftstrom (Ansaugen mit der Wasserstrahlpumpe), worauf der Inhalt von C, in dem sich nun alles Blutammoniak befindet, mit 1 ccm 0,1 n-Natronlauge (carbonatfrei!) sowie 1 ccm Nesslers Reagens versetzt und (mit ammoniakfreiem destillierten Wasser) zur Marke aufgefüllt wird.

Die Messung erfolgt 10 Minuten nach Fertigstellung der Lösung unter Kompensation durch einen Blindansatz mit Quecksilberlicht und Filter QF 436.

Abgestimmte Schichthöhe. Wendet man die Versuchslösung in einer Schichthöhe von 38,3 mm an, so entspricht jedes cm Graulösung einem Gehalte von 0,2 mg NH_3 in 100 ccm Blut.

Nimmt man eine Schichthöhe von 31,5, so bedeuten die cm Graulösung je 0,2 mg Ammoniakstickstoff in 100 ccm Blut.

Empfindlichkeit der Methode. In der Normalausführung kann man nicht wesentlich unter 400 γ NH_3 in 100 ccm Blut (entsprechend 20 mm Graulösung) quantitativ bestimmen, wenn man nicht die auf S. 83 erörterten Komplikationen bei kleineren NH_3-Gehalten in Kauf nehmen will. Bei niederen NH_3-Gehalten (normal 90 bis 700 γ NH_3 in 100 ccm Blut) verarbeitet man daher am besten größere Mengen von Blut.

Bilirubin im Blutserum

Bestimmungsform: Blaufärbung durch das Kuppelungsprodukt von Bilirubin mit diazotierter Sulfanilsäure, gemessen in stark salzsaurer Lösung (Extinktionsmaximum bei 580 mμ).

Literatur: A. Thiel und O. Peter, Biochem. Ztschr. **271**, 1 (1934); A. Thiel und H. Logemann, ebenda **284**, 347 (1936).

Arbeitsvorschrift. 4 ccm Serum werden mit 2 ccm 50%iger wässeriger Coffein-Natriumbenzoatlösung und 5 ccm Diazoreagens (frisch bereitete Mischung aus 10 Raumteilen einer wässerigen Lösung von 5 g Sulfanilsäure + 1,5 ccm konzentrierter Salzsäure im Liter und 0,1 Raumteilen einer 0,5%igen wässerigen Natriumnitritlösung) versetzt. Nach 10 bis 12 Minuten wird zur Fällung des Eiweißes mit 19,6 ccm 96%igem Alkohol vermischt und gut umgeschüttelt. Nach 2 bis 3 Minuten wird durch ein Blaubandfilter (Schleicher und Schüll Nr. 589) filtriert, wobei der Trichter bedeckt gehalten wird, und das Filtrat in einem enghalsigen Kölbchen aufgefangen. 15 ccm des klaren Filtrats werden in ein 20 ccm-Meßkölbchen eingemessen, mit 4 ccm konzentrierter Salzsäure vermischt und mit Alkohol (96%) zur Marke aufgefüllt.

Die Messung kann sofort erfolgen. Sie wird mit weißem Licht und Filter SF 8 oder mit Quecksilberlicht und Filter QF 579 ausgeführt.

Abgestimmte Schichthöhe. Die Versuchslösung wird in einer Schichthöhe von 37,2 mm (für SF 8) oder von 36,6 mm (für QF 579) angewandt. Dann zeigt jedes cm Graulösung 1 mg Bilirubin in 100 ccm Serum (oder 2 „Bilirubineinheiten") an.

Die Messung wird mit der nochmals filtrierten Lösung wiederholt, um Fehler durch das Auftreten von Spättrübungen zu vermeiden.

Bei ungewöhnlich hohen Bilirubingehalten, bei denen man eine zu hohe Extinktion findet, wenn man die normale abgestimmte Schichthöhe anwendet, kann man entweder einen bestimmten

Bruchteil der letzteren benutzen und das Ergebnis der Messung mit dem Schichthöhendivisor multiplizieren oder die fertige Lösung des Azoderivats mit einem Gemisch von 2 Raumteilen Alkohol (96%), mit je 1 Raumteil Wasser und konzentrierter Salzsäure in bestimmtem Verhältnis verdünnen und das Meßergebnis mit dem Verdünnungsverhältnis multiplizieren. Ist anderseits das Serum besonders arm an Bilirubin, so wendet man ein Mehrfaches der abgestimmten Schichthöhe an (mit 20 ccm Versuchslösung kann man bis zum dreifachen Werte — ca. 120 mm — gehen) und dividiert das Meßergebnis durch den Vervielfachungsfaktor.

Empfindlichkeit der Methode. Es läßt sich noch 0,3 mg Bilirubin in 100 ccm Serum (entsprechend 0,6 Bilirubineinheiten) quantitativ messen und $^1/_{10}$ dieses Wertes mit Sicherheit qualitativ nachweisen. Will man die Empfindlichkeit noch steigern, so muß man kleinere Serumverdünnungen anwenden (siehe die Originalliteratur).

Blei im Harn

Bestimmungsform: Rote Dithizonverbindung des Bleis in Tetrachlorkohlenstofflösung (siehe S. 78).

Literatur: K. Seelkopf und H. Taeger, Ztschr. ges. exp. Med. **91**, 539 (1933).

Arbeitsvorschrift. 50 ccm Harn werden mit Essigsäure schwach angesäuert und mit 5 ccm 5%iger Calciumchloridlösung, sowie mit 10 ccm gesättigter Ammoniumoxalatlösung versetzt. Der Niederschlag, der das Blei als Oxalat enthält, wird nach dem Absitzen durch Dekantieren von der Hauptmenge der Mutterlauge getrennt, abzentrifugiert und mit wenig Wasser in einen kleinen Porzellantiegel gespült. Man trocknet vorsichtig über kleiner Flamme und erhitzt langsam zum Glühen. Der Glührückstand wird in wenig konzentrierter Salpetersäure gelöst. Die Lösung wird etwas verdünnt, mit Ammoniak neutralisiert (Lackmus) und in einen kleinen Schütteltrichter gebracht. Das Volumen der Lösung soll jetzt 10 ccm nicht überschreiten. Nach Zufügung von 5 ccm 5%iger Kaliumcyanidlösung gibt man 10 ccm Dithizonlösung (über die Herstellung siehe S. 78) hinzu und schüttelt. Die weitere Behandlung erfolgt genau nach der auf S. 78f. angegebenen Vorschrift.

Man mißt mit weißem Licht und Filter SF 5 unter Kompensation durch einen Blindansatz.

Abgestimmte Schichthöhe. Die Versuchslösung (in CCl_4) erhält eine Schichthöhe von 37,1 mm. Dann entsprechen die abgelesenen mm Graulösung den γ Blei in 100 ccm Harn.

Empfindlichkeit der Methode. Es lassen sich ca. 10 γ Blei in 100 ccm Harn quantitativ bestimmen, etwa $^1/_{10}$ davon mit Sicherheit qualitativ nachweisen.

Anmerkung. Will man die Methode b der Bleibestimmung (S. 79) auf die Harnanalyse anwenden, so arbeitet man mit einer abgestimmten Schichthöhe von 32,0 mm (für SF 10) oder 40,6 mm (für QF 579) und findet dann an der Graulösungsskala (in mm) direkt die γ Blei in 100 ccm Harn.

Calcium im Harn

1. Indirektes Verfahren (Differenzmethode)

Bestimmungsform: Fällung als tertiäres Phosphat [$Ca_3(PO_4)_2$]; Bestimmung aus dem Phosphatgehalt, der sich aus der Blaufärbung mit Molybdänblaureagens nach Zinzadze ergibt. Da fast immer auch Magnesium zugegen ist, so wird der Calciumgehalt grundsätzlich durch eine Differenzbestimmung [Phosphate von Calcium und Magnesium zusammen gegen reines Magnesium(ammonium)phosphat] ermittelt.

Literatur: C. Urbach, Biochem. Ztschr. **241**, 222; 226 (1931).

Arbeitsvorschrift.

a) Gemeinsame Fällung von Calcium und Magnesium und Bestimmung des Phosphatgehaltes im Niederschlage. 5 ccm des Harns (der eiweißfrei sein muß und andernfalls zu veraschen ist — Näheres in der Originalliteratur) werden in einem Zentrifugenglase mit 1 ccm 5%iger Ammoniumphosphatlösung und 2 Tropfen konzentriertem Ammoniak vermischt. Die Ausscheidung des Niederschlages wird durch Reiben der Gefäßwand mit einem Glasstabe befördert, der nachher mit 2 ccm destilliertem Wasser in das Rohr hinein abzuspülen ist. Das Gefäß bleibt dann 10 Stunden lang stehen, worauf man zentrifugiert, die überstehende Flüssigkeit absaugt und den Niederschlag dreimal mit je 5 ccm 1 : 2 verdünntem konzentriertem Ammoniak und einmal mit 5 ccm 75%igem Alkohol, der pro Liter einen Zusatz von 10 ccm konzentriertem Ammoniak erhalten hat, auswäscht; hierbei wird der Bodenkörper jedesmal aufgewirbelt und durch Schleudern wieder niedergeschlagen. Nach dem Absaugen der letzten Waschflüssigkeit wird das Schleuderglas in siedendes Wasser gestellt, bis alles Ammoniak vertrieben ist (Geruch). Man löst dann den Niederschlag in 5 ccm 0,1 n-Schwefelsäure und bringt die Lösung in einen 25 ccm-Meßkolben, wobei man einmal mit 5 ccm 0,1 n-Schwefelsäure und zweimal mit je 5 ccm destilliertem

Wasser nachspült. Dann wird mit destilliertem Wasser zur Marke aufgefüllt.

Von dieser Lösung werden 2,5 ccm in einen 25 ccm-Meßkolben pipettiert und unter Verwendung von β-Dinitrophenollösung (1%, alkoholisch) als Indikator mit Sodalösung neutralisiert. Es soll eine schwache Gelbfärbung auftreten, die derjenigen einer Lösung von 1 Tropfen Indikatorlösung in 100 ccm 0,01 n-NaOH (in einen 25 ccm-Meßkolben gefüllt) gleich ist. Nach Zusatz von 0,2 ccm Molybdänblaureagens nach Zinzadze (siehe S. 84) wird für 5 bis 8 Minuten zu langsamem Kochen erhitzt, abgekühlt und mit destilliertem Wasser zur Marke aufgefüllt. Man erhält so die Lösung A.

b) Fällung des Magnesiums allein und Bestimmung des Phosphatgehaltes im Niederschlage. 5 ccm Harn (ebenfalls eiweißfrei) werden in einem Zentrifugenglase mit 1 ccm 4%iger Ammoniumoxalatlösung und 2 ccm gesättigter Natriumacetatlösung vermischt. Nach halbstündigem Stehen wird das ausgeschiedene Calciumoxalat mit 1500 Touren abzentrifugiert. Von der überstehenden klaren Lösung werden 6 ccm in ein anderes Zentrifugenglas pipettiert und hier genau so behandelt, wie das vorstehend unter a) für die gemeinsame Fällung von Calcium und Magnesium im Harn vorgeschrieben ist. Man erhält so schließlich die ebenfalls blaue Lösung B, deren Farbstärke stets (schon wegen der Verwendung von nur $^6/_8$ der ursprünglich abgemessenen Harnmenge von 5 ccm) geringer ist als die der Lösung A.

Die nun folgende Messung wird mit weißem Licht und Filter SF 9 ausgeführt.

Abgestimmte Schichthöhe. Man mißt die Lösung A gegen die Lösung B als Kompensationsflüssigkeit. Letztere erhält dabei $^4/_3$ der Schichthöhe, die für Lösung A angewandt wird. Auf diese Weise wird der Magnesiumgehalt (oder vielmehr der dem gefällten Magnesiumammoniumphosphat entsprechende Phosphorsäuregehalt) ausgeschaltet und nur der dem Calciumphosphat entsprechende Phosphorsäuregehalt bestimmt (und auf Calcium umgerechnet). Die Lösung B kommt auf die gleiche Seite wie der Graukeil, daneben in der gleichen Stufe reines Wasser; auf die andere Seite kommt (in der anderen Stufe) die Lösung A und daneben ebenfalls reines Wasser.

Die Lösung A wird in 20,7 mm Schichthöhe, die Lösung B in 27,65 mm Schichthöhe angewandt. Dann zeigt 1 mm Graulösung einen Gehalt von 1 mg Ca in 100 ccm des untersuchten Harns an.

Will man bei dieser Methode statt der Graukeileinrichtung die Graulösung benutzen, so braucht man, da ja hier Versuchslösung (A) und Kompensationslösung (B) verschiedene Schichthöhen erhalten müssen, für den mit der Lösung A beschickten Becher einen Einlagestab von 7 mm Länge. Hier zeigt sich der Vorteil der Graukeileinrichtung, von dem oben (S. 18) die Rede war.

Empfindlichkeit der Methode. Es kann in dieser Ausführungsform der Methode (bei ca. 150 mm Schichtlänge) noch ein Gehalt von ca. 2 mg Ca in 100 ccm Harn quantitativ bestimmt, $^1/_{10}$ davon noch mit Sicherheit qualitativ nachgewiesen werden[1]).

Es steht aber nichts im Wege, durch Verarbeitung größerer Mengen von den erhaltenen 25 ccm Phosphatlösung die Empfindlichkeit des Verfahrens zu steigern.

2. Direktes Verfahren

Bestimmungsform: Fällung als Calciumoxalat, Abtrennung, Auflösung in Säure, Bestimmung des Oxalsäuregehaltes durch Ermittlung der Schwächung, welche die rote Färbung des Gemisches einer bekannten Menge Ferrisalz mit Sulfosalizylsäure (siehe S. 99) durch die Oxalsäure erfährt.

Literatur: L. Jendrassik und F. Tabács, Biochem. Ztschr. **274**, 200 (1934).

Arbeitsvorschrift. Der nach dem Verfahren 1 b gefällte Oxalatniederschlag wird nach dem Abhebern der Lösung dreimal mit 1%iger Natriumchloridlösung gewaschen (und jedesmal wieder abgeschleudert), dann folgendermaßen weiterbehandelt [+][2]).

Man löst den Niederschlag in genau 5 ccm saurer Ferrichloridlösung von bekanntem Eisengehalte (0,7022 g Mohrsches Salz, in wenig Wasser und 5 ccm n-Schwefelsäure gelöst, mit Per-

---

[1]) Jedoch nur dann, wenn der Harn nur sehr wenig Mg enthält. Andernfalls setzt die Extinktion der Kompensationslösung vorher eine Grenze, über deren Lage sich nichts Allgemeines sagen läßt.

[2]) Siehe S. 187.

manganatlösung eben oxydiert, mit 10 ccm konzentrierter Salzsäure vermischt und im Meßkolben mit destilliertem Wasser zu 500 ccm aufgefüllt), gegebenenfalls unter Rühren mit einem Glasstabe. Hierbei und bei der ganzen folgenden Behandlung einschließlich der Messung soll der Zutritt von Tageslicht vermieden werden. Nach wenigen Minuten ist die Lösung erfolgt. Man spült in ein 25 ccm-Meßkölbchen, fügt 5 Tropfen einer halbnormalen (= $^1/_{12}$ molaren) Kaliumjodatlösung und 2,50 ccm einer $2^0/_0$igen Sulfosalicylsäurelösung (aus trockenen Kristallen hergestellt) hinzu und füllt mit destilliertem Wasser zur Marke auf.

Man mißt mit weißem Licht und Filter SF 4 gegen einen oxalatfreien Ansatz von sonst genau gleicher Konzentration und wendet das Verfahren der Messung der Überkompensation durch die Blindprobe (S. 120) an, d. h. man bringt die Graulösung (den Graukeil) über die Versuchslösung und anderseits Wasser[1]) über die Blindlösung und mißt so den Färbungsdefekt, der durch die schwächende Wirkung der Oxalsäure auf die Sulfosalicylsäurefärbung entstanden ist.

Versuchslösung und Blindlösung werden in je 20,0 mm Schichthöhe angewandt. Da keine stöchiometrische Beziehung zwischen Farbschwächung und Oxalsäuregehalt besteht, muß der empirisch gefundene Zusammenhang ausgewertet werden. Die dafür nötigen Angaben finden sich in der Auswertungstabelle (S. 135).

Werden die Graulösungsschichthöhen für eine genaue Messung zu klein (unter 10 mm) oder zu groß (zu dunkle Gesichtsfelder), so hat man die Menge des verarbeiteten Harns (normal: 5 ccm) zu vervielfachen oder nur einen Bruchteil davon zu nehmen. Der abgelesene Calciumgehalt ist dann dementsprechend zu dividieren oder zu multiplizieren.

Bei der Normalmenge von 5 ccm Harn sind die aus der Tabelle entnommenen Werte mit 20 zu multiplizieren, wenn man den Calciumgehalt des Harns in γ pro 100 ccm finden will.

---

[1]) Dieses natürlich nur bei Verwendung der Graulösung; bei Benutzung der Graukeileinrichtung befinden sich Versuchslösung und Blindlösung in der gleichen Stufe, während die andere Stufe überzählig ist.

Auswertungstabelle

für Graulösungsschichthöhen von 12,0 bis 32,0 mm bei der Bestimmung von Calcium als Oxalat.

Die Zahlenangaben bedeuten γ Ca in 25 ccm Meßlösung

Graulösung	Zehntelmillimeter									
mm	0	1	2	3	4	5	6	7	8	9
12	234	236	239	241	244	246	248	250	253	255
13	258	260	262	264	267	269	272	274	277	279
14	282	284	286	288	291	293	296	298	301	303
15	306	308	311	313	316	318	321	323	326	328
16	331	333	336	339	341	343	346	349	352	354
17	357	360	362	365	367	370	373	375	378	380
18	383	385	388	391	394	396	399	401	404	407
19	410	412	415	418	421	424	427	429	432	434
20	437	440	443	445	448	451	454	457	460	462
21	465	468	471	474	477	480	483	485	488	491
22	494	497	500	503	506	509	512	515	518	521
23	524	527	530	533	536	539	542	545	548	551
24	554	557	560	563	566	569	573	576	580	583
25	586	589	593	596	600	603	607	610	614	617
26	621	624	628	631	635	638	642	646	650	653
27	657	661	665	669	673	677	681	685	689	693
28	697	701	705	708	712	716	720	725	730	734
29	739	743	748	752	757	762	767	771	776	780
30	785	789	794	799	803	808	813	819	826	832
31	839	846	853	859	866	872	879	885	892	898
32	905	—	—	—	—	—	—	—	—	—

Empfindlichkeit der Methode. Bei Verwendung von 5 ccm Harn lassen sich noch ca. 200 γ Ca in der Endlösung, entsprechend 4 mg in 100 ccm Harn, quantitativ bestimmen und $^1/_{10}$ davon mit Sicherheit qualitativ nachweisen. Die Empfindlichkeit läßt sich durch Vermehrung der Harnmenge im gleichen Verhältnis steigern. Eine Erhöhung der Empfindlichkeit durch Vergrößerung der Schichthöhe bei der Messung ist wegen der verbleibenden Färbung der Kompensationslösung nicht möglich.

Calcium im Blutserum

Bestimmungsform: Fällung als Oxalat, Bestimmung der Oxalsäure im Niederschlage durch die von ihr bewirkte Schwächung der roten Sulfosalicylsäure-Ferrisalzfärbung (vgl. die Bestimmung des Calciums im Harn, 2. [direktes] Verfahren).

Literatur: L. Jendrassik und F. Tabács, Biochem. Ztschr. **274**, 200 (1934).

Arbeitsvorschrift. In einem Zentrifugenglase werden zu 5 ccm 1%iger Kochsalzlösung (Analysenpräparat) 2 ccm des zu untersuchenden Blutserums[1]) gegeben (pipettiert), sowie 10 Tropfen einer 10%igen Ammoniumchloridlösung und 10 Tropfen gesättigter Ammoniumoxalatlösung. Die Fällung bleibt 10 bis 24 Stunden stehen. Der Niederschlag wird hierauf abzentrifugiert, die klare Lösung abgesaugt und der Niederschlag unter jedesmaligem Aufwirbeln und Zentrifugieren dreimal mit je 5 ccm Kochsalzlösung (1%) gewaschen. Die weitere Behandlung ist identisch mit dem Verfahren, das auf S. 134 angegeben ist (hinter dem Zeichen [+]).

Auch die Messung erfolgt in ganz derselben Weise, wie bei der Oxalatmethode der Bestimmung von Calcium im Harn. Desgleichen wird auch die Auswertungstabelle von S. 136 benutzt, um die abgelesenen mm Graulösung in γ Calcium (für die 25 ccm Meßlösung) zu erhalten. Diese Werte hat man hier aber mit 50 zu multiplizieren, um den Gehalt des Blutserums an Calcium in γ für 100 ccm zu finden.

Die **Empfindlichkeit der Methode** ist (entsprechend der geringeren Menge angewandter Untersuchungsflüssigkeit — nur 2 ccm Serum gegen 5 ccm Harn) nur $^2/_5$ so groß wie bei der analogen Harnanalyse angegeben, d. h. die noch ermittelbaren Mengen Ca im Serum sind 2,5mal so groß wie beim Harn: 10 γ Ca quantitativ und 1 γ qualitativ (beides in 100 ccm Serum).

---

[1]) Bei der Blutentnahme dürfen natürlich keine gerinnungshindernden Zusätze (die ja Calcium fällen) angewandt werden.

Cholesterin in Körperflüssigkeiten (Blut, Plasma, Serum u. a.)

Bestimmungsform: a) Grüner Farbstoff aus Cholesterin, Essigsäureanhydrid und konzentrierter Schwefelsäure in Chloroform. b) Roter Farbstoff aus Cholesterin, Chlorzink-Eisessig und Acetylchlorid in Chloroform.

Literatur: Methode a: R. Schoenheimer und W. M. Sperry, Journ. Biol. Chem. **106**, 745 (1934); H. Bohn und O. Bickenbach, Z. ges. exp. Med. **71**, 566 (1930). — Methode b: S. Görtz, Biochem. Ztschr. **273**, 396 (1934). — Siehe ferner die Buchliteratur.

Arbeitsvorschrift. Extraktion des Cholesterins (gemeinsam für Methode a und Methode b).

α) Extraktion des Gesamtcholesterins (frei und gebunden). 2,5 ccm Körperflüssigkeit (z. B. Serum) werden in einem Reagenzglase mit Schliffstopfen (Dimensionen: 16 × 160 mm) zu 15 ccm 25 %iger Kalilauge gegeben, gut durchgeschüttelt und 2—3 Stunden im siedenden Wasserbade erhitzt. Nach dem Abkühlen (in kaltem Wasser) wird die Mischung in einen Schütteltrichter gegossen und das Reagenzglas mit 10 ccm Chloroform unter Schütteln ausgespült, das Chloroform zu der Flüssigkeit im Schütteltrichter gegossen. Man schüttelt dann das Cholesterin aus der wässerigen Phase mit dem Chloroform aus, läßt die Chloroformlösung vorsichtig ab und schüttelt den Rückstand im Schütteltrichter nochmals mit 10 ccm Chloroform, das nach der Trennung der Schichten zur ersten Portion Chloroform abgelassen wird. Man achtet darauf, das Ablassen des Chloroforms immer erst nach möglichst vollständiger Klärung vorzunehmen. Zur Entfernung des im Chloroform noch suspendierten und gelösten Wassers wird mit 10 g geglühtem Natriumsulfat mehrfach geschüttelt und nach 10 Minuten durch ein mit Chloroform angefeuchtetes Filter in einen 50 ccm-Meßkolben filtriert, der Filterrückstand zweimal mit je 5 ccm Chloroform gewaschen und der Meßkolbeninhalt mit Chloroform zur Marke aufgefüllt. Er enthält nunmehr das gesamte (freie + gebundene) Cholesterin.

β) Extraktion des freien Cholesterins. 0,5 ccm Körperflüssigkeit (z. B. Blut) werden in einen 10 ccm-Meßkolben zu 6 ccm einer Alkohol-Acetonmischung (1 : 1) pipettiert und auf dem Wasserbade zum Sieden erhitzt. Durch kräftiges Schütteln bewirkt man, daß sich die abgeschiedenen Eiweißklümpchen fein zerteilen. Nach dem Abkühlen wird mit Alkohol-Aceton zur Marke aufgefüllt, gut durchgeschüttelt und durch ein trockenes Filter filtriert. Das Filtrat muß klar sein (andernfalls Wiederholung der Filtration durch ein dichteres Filter). 5 ccm des Filtrats werden in einem Zentrifugenglase mit 2 ccm Digitoninlösung[1]) versetzt und durch Schwenken oder Rühren mit einem Glasstabe vermischt. Das Gefäß wird verschlossen und bei Zimmertemperatur 12 Stunden lang stehen gelassen. Dann wird der an der Wandung haftende Niederschlag durch Schütteln abgelöst und der gesamte Bodenkörper abzentrifugiert (15 Minuten mit 2500 Touren). Die klare Lösung wird vorsichtig abgesaugt. Mit Hilfe einer Pipette spült man den noch an der Wand hängenden Niederschlag durch 4 ccm Äther-Aceton (2 : 1) herunter, schleudert nochmals 5 Minuten lang und saugt wieder die überstehende Lösung ab. In gleicher Weise wird noch zweimal mit reinem (chlorcalciumtrockenem) Äther gewaschen. Endlich wird der Niederschlag im Schleuderglase durch Erwärmen auf 40° getrocknet und in etwa 1 ccm absolutem Eisessig gelöst. Diese Lösung enthält das freie Cholesterin der untersuchten Substanzprobe.

Farbstoffbildung und Messung

Methode a

Bildung des grünen Farbstoffes: 5 ccm der Chloroformlösung ($^1/_{10}$ der Gesamtmenge) oder die gesamte Eisessiglösung (die nicht mehr als 3 ccm — einschließlich des zum Überspülen benötigten Eisessigs — ausmachen soll) werden in ein 10 ccm-Meßkölbchen gebracht. Sie enthalten das gesamte Cholesterin bzw. nur das freie Cholesterin aus 0,25 ccm Körperflüssigkeit.

---

[1]) 1 g Digitonin wird in 1 Liter destilliertem Wasser gelöst, die Lösung 24 Stunden lang in einen Eisschrank gestellt, filtriert und auf $^1/_2$ Liter eingeengt, bei Bildung eines Niederschlages nach dem Abkühlen nochmals filtriert.

Man fügt hinzu 1 ccm Essigsäureanhydrid und 1 ccm einer gekühlten, frisch bereiteten Mischung von 9 Teilen Essigsäureanhydrid und 1 Teil konzentrierter Schwefelsäure. Nach dem Vermischen durch Schütteln erwärmt man im Dunkeln genau 15 Minuten lang auf 35 bis 37°. Nach dem Abkühlen wird mit Chloroform zur Marke aufgefüllt. Die entstandene grüne Lösung wird sofort gemessen. Das Extinktionsminimum des Farbstoffes liegt bei ca. 550 mμ; man mißt im langwelligen Anstieg der Extinktionskurve, da der (steilere) Anstieg im Kurzwelligen unspezifisch (vielen gelben Farbstoffen eigentümlich) ist. Man benutzt zu diesem Zwecke weißes Licht und Filter SF 10.

Abgestimmte Schichthöhe. Die grüne Lösung erhält eine Schichthöhe von 42,6 mm; dann zeigt jedes mm Graulösung einen Gehalt von 20 mg Cholesterin in 100 ccm Körperflüssigkeit an. Diese Beziehung gilt ebenso für die Bestimmung des gesamten wie für die des freien Cholesterins.

Empfindlichkeit der Methode. In der angegebenen Ausführungsform der Methode kann man noch ca. 200 mg Cholesterin in 100 ccm Körperflüssigkeit quantitativ bestimmen, $^1/_{10}$ davon sicher qualitativ nachweisen. Eine Steigerung der Empfindlichkeit ist nur durch Verarbeitung einer größeren Menge Untersuchungsobjekt möglich.

Methode b

Bildung des roten Farbstoffes: Die Cholesterinlösung (wie bei der Methode a) wird in einem 10 ccm-Meßkölbchen mit 1 ccm Acetylchlorid und 1 ccm einer 20%igen Lösung von Zinkchlorid in Eisessig vermischt, sodann im Dunkeln genau 10 Minuten auf 70° erwärmt (Wasserbad). Es wird dann sofort in kaltem Wasser abgekühlt und mit Chloroform zur Marke aufgefüllt.

Man mißt mit Quecksilberlicht und Filter QF 546.

Abgestimmte Schichthöhe. Die Versuchslösung erhält eine Schichthöhe von 22,8 mm. Dann entspricht jedes mm Graulösung einem Gehalte von 10 mg Cholesterin (entweder freiem oder gesamtem) in 100 ccm Körperflüssigkeit.

Empfindlichkeit der Methode. Da man mit 10 ccm Meßlösung ca. 50 mm Schichthöhe herstellen kann, läßt sich noch ein Gehalt von ca. 50 mg Cholesterin in 100 ccm Körperflüssigkeit quantitativ bestimmen, $^1/_{10}$ davon mit Sicherheit qualitativ nachweisen. Die Methode b ist also viermal so empfindlich wie die Methode a. Sie empfiehlt sich daher zur Messung kleiner Cholesteringehalte.

Eisen im Blutserum

Bestimmungsform: Rotfärbung des Ferroeisens a) mit α,α'-Dipyridyl, b) mit o-Phenanthrolin.[1])

Literatur: L. Heilmeyer und K. Plötner, Das Serumeisen und die Eisenmangelkrankheit. Jena, Gustav Fischer, 1937.

Arbeitsvorschrift. Da es sich um die Bestimmung sehr kleiner Eisengehalte handelt (in der Größenordnung von etwa 10 bis 150 γ Fe in 100 ccm Serum), muß auf peinlichste Sauberkeit der Geräte und Eisenfreiheit der Reagentien geachtet werden. Über die Technik der Blutentnahme und der Serumgewinnung ist in der Originalarbeit nachzulesen. Zur Sicherheit wird die Messung gegen eine Blindprobe ausgeführt.

Die Arbeitsvorschrift ist auf Grund eigener Erfahrungen gegenüber der Originalvorschrift etwas abgeändert.

2 ccm Serum werden in ein Erlenmeyerkölbchen abpipettiert. Nach Zufügung von 1 ccm 6 n-Salzsäure wird umgeschüttelt und 10 Minuten stehen gelassen. Ebenso verfährt man nach einem darauf erfolgenden Zusatze von 2 ccm 20%iger Trichloressigsäure (reinstes Präparat) und filtriert durch ein kleines Blaubandfilter (Schleicher und Schüll, Nr. 589). Vom Filtrat pipettiert man 2,5 ccm (entsprechend 1 ccm Serum) in ein 5 ccm-Meßkölbchen, setzt 1 Tropfen einer 1%igen alkoholischen Lösung von Paranitrophenol zu und neutralisiert mit tropfenweise zugesetztem konzentrierten Ammoniak (ca. 0,3 ccm); die erste schwache Gelbfärbung nimmt man mit 1 Tropfen der Salzsäure weg. Nun fügt man 0,5 ccm einer 5%igen Natriumsulfitlösung, 1 ccm eines Acetatpuffers (für Essigsäure und Natriumacetat je 1 n-Lösung), sowie 0,5 ccm einer 0,5%igen wässerigen Lösung von α,α'-Dipyridyl (Methode a) oder ebensoviel einer 1%igen wässerigen Lösung von o-Phenanthrolinhydrochlorid (Methode b) hinzu, füllt mit destilliertem Wasser zur Marke auf und schüttelt gut um.

---

1) Siehe auch S. 102f.

Ein Blindansatz mit 2,0 ccm destilliertem Wasser statt Serum, mit dem alle Operationen durchgeführt werden, dient als Kompensationsflüssigkeit.

Die Messung erfolgt nach 10 Minuten unter Verwendung von weißem Licht und Filter SF 5.

Abgestimmte Schichthöhe. Die Versuchslösung wird in 34,5 mm Schichthöhe (bei Methode a)[1]) oder in 25,0 mm Schichthöhe (bei Methode b) angewandt (in gleicher Schichthöhe natürlich auch der Blindansatz).

Dann zeigt jedes mm Graulösung einen Gehalt von 50 γ Fe in 100 ccm Serum an.

Nach der in diesem Buche durchgeführten Empfindlichkeitsfestsetzung würde sich also ein Gehalt von 500 γ Fe in 100 ccm Serum mit der normalen Genauigkeit von 1% (d. h. auf 5 γ genau) ermitteln lassen. Die Fehlergrenze von 5 γ gilt natürlich auch für jeden anderen Gehalt, was also bei 50 γ Gehalt einen möglichen Fehler von 10% des Wertes bedeuten würde.

Wie die Betrachtung der im Original mitgeteilten Analysenergebnisse lehrt, kommen dort Versuchsfehler bis zu 24 γ% vor, also der fünffache Wert des hier zugelassenen Fehlers[2]). Erstrebt man eine noch höhere Genauigkeit der Messung, so bleibt nur[3]) der Weg der Anreicherung des Eisens im Serum durch Eindampfen einer größeren Menge von Serumextrakt (Filtrat vom ausgefällten Eiweiß), d. h. die Verarbeitung einer größeren Menge von Originalserum, übrig. Statt der Anreicherung durch Eindampfen ist auch eine Konzentrierung durch Ausschütteln des vorher in die Ferristufe übergeführten Eisens (als Rhodanid oder als Oxinverbindung) zu erwägen; doch ist eine empfehlenswerte Methode dafür noch nicht ausgearbeitet.

---

[1]) Hierbei müssen Mikrobecher benutzt werden.

[2]) Im Hinblick auf diese Größe des möglichen Fehlers der optischen Messung sind alle Maßnahmen zur Ausschaltung vermeidbarer methodischer Fehler getroffen.

[3]) Bei Methode b läßt sich die Empfindlichkeit durch Anwendung der doppelten Schichthöhe (in Mikrobechern) verdoppeln.

Hämoglobin

Bestimmungsform: Bläulich-rote Färbung des (reduzierten) Hämoglobins in alkalischer Lösung (Hämometrie nach K. Bürker).

Literatur: Siehe die Buchliteratur.

Arbeitsvorschrift. Die Blutentnahme und Blutverdünnung erfolgt mit dem Besteck nach Bürker.

25 cmm Blut werden aus der Fingerbeere oder dem Ohrläppchen entnommen und zu 2475 cmm 0,4%igem Ammoniak in ein kleines Kölbchen geblasen, worauf die Blutpipette mit der verdünnten Blutlösung mehrfach ausgespült wird.

Die Lösung muß vollkommen klar sein. Man fügt eine kleine Federmesserspitze reinstes Natriumhydrosulfit hinzu und löst durch Umschwenken. Die Lösung (2,5 ccm) wird in einen Kolorimetermikrobecher (bei 50 mm Schichthöhe ca. 1 ccm fassend) gegeben, in den anderen Becher der gleichen Stufe reines Wasser (Mikrobecher und Mikrotauchstäbe werden immer paarweise nebeneinander benutzt). Die Graulösung kommt in die andere Stufe gegenüber der Versuchslösung, daneben Wasser. In der Graulösungsstufe können gewöhnliche Tauchbecher (keine Mikrobecher) benutzt werden. Bei Verwendung der Graukeileinrichtung befindet sich die Versuchslösung auf der linken Seite.

Man mißt sofort (damit sich nicht wieder Oxyhämoglobin an der Luft bildet) mit weißem Licht und Filter SF 7 oder mit Quecksilberlicht und Filter QF 546.

Abgestimmte Schichthöhe. Gibt man der Versuchslösung eine Schichthöhe von 14,1 mm (bei SF 7) bzw. von 14,5 mm (bei QF 546), so entspricht jedes mm Graulösung einem Gehalte von $^1/_2$% Hämoglobin im Blute ($^1/_2$ g Hämoglobin in 100 ccm Blut). Man hat also die abgelesenen Skalenwerte durch 2 zu dividieren, um die Gewichtsprozente Hämoglobin zu erhalten.

Harnfarbe

Bestimmungsform: Extinktionsmessung im Grünen (mit Spezialfilter HF).

Literatur: Siehe die Buchliteratur.

Arbeitsvorschrift. Der Harn muß völlig klar und soll möglichst frisch sein. Zur Aufbewahrung (von Sammelharn) benutzt man eine braune, gut verschlossene Flasche. Älter als 12 Stunden darf der Harn keinesfalls sein. Zur Klärung dient Zentrifugieren oder Filtration durch ein dichtes Filter (Schleicher und Schüll Nr. 575 oder Nr. 602 hart bzw. extrahart).

Die Dichte wird mit einem Urometer genau gemessen. Von dem ermittelten Dichtewerte werden die Ziffern der 2. und 3. Dezimale zur späteren Berechnung des reduzierten Farbwertes benutzt, also z. B. bei einer Dichte von 1,025 die Zahl 25 (als s bezeichnet).

Der Harn wird in einer Schichthöhe von 50,0 mm angewandt. Aus der abgelesenen Graulösungshöhe werden die Harnfarbwerte folgendermaßen berechnet.

Farbwert $(F) =$ cm Graulösung $\times\ 2$.

Gesamtfarbstoffausscheidung in 24 Stunden $(F \times M)$
$=$ mm Graulösung $\times$ Liter Harn $\times\ 2$.

Reduzierter Farbwert $(F_0) = \dfrac{\text{mm Graulösung} \times 2}{s}$.

Anmerkung: Die Ermittlung der Gesamtfarbstoffausscheidung in 24 Stunden wird zweckmäßig so ausgeführt, daß man mehrere Portionen für sich mißt (damit der Harn nicht zu alt wird) und dann die gefundenen Einzelwerte summiert.

Beispiel:

1. Portion $=$ 300 ccm Harn; a cm $\times\ 2 = 2\,a$ (F_1),
2. Portion $=$ 500 ccm Harn; b cm $\times\ 2 = 2\,b$ (F_2),
3. Portion $=$ 400 ccm Harn; c cm $\times\ 2 = 2\,c$ (F_3).

$$F \times M = 0{,}3 \cdot 20\,a + 0{,}5 \cdot 20\,b + 0{,}4 \cdot 20\,c\,.$$

Normalwerte: $F \times M$ hat für Männer den Normalwert von 9 bis 16, für Frauen von 6 bis 13.

Harnsäure im Harn

Bestimmungsform: Blaufärbung mit Phosphorwolframsäure in alkalischer Lösung.

Literatur: St. R. Benedict und E. Franke, Journ. Biol. Chem. 52, 387 (1922).

Arbeitsvorschrift. 0,5 ccm Harn verdünnt man in einem Zentrifugenglase mit 10 ccm destilliertem Wasser und fügt 0,5 ccm 5%ige Zinksulfatlösung (Gehalt für das Heptahydrat berechnet), sowie 0,5 ccm 10%ige Sodalösung (für das Dekahydrat berechnet) hinzu. Nach 30 Minuten wird der Niederschlag abzentrifugiert, die überstehende klare Flüssigkeit abgegossen oder abgehebert. Den Bodensatz löst man in 3 Tropfen 10%iger Salzsäure und 3 ccm destilliertem Wasser. Die Lösung wird in einen 50 ccm-Meßkolben gespült, so daß ungefähr 20 ccm Flüssigkeit entstehen. Man setzt nun 2 ccm Harnsäurereagens (siehe weiter unten) und 16 ccm einer 22%igen Sodalösung (Gehalt für das Dekahydrat berechnet) zu, worauf mit destilliertem Wasser zur Marke aufgefüllt wird.

Die Messung wird frühestens nach 10 Minuten und spätestens nach 20 Minuten ausgeführt, und zwar mit weißem Licht und Filter SF 10 oder mit Quecksilberlicht und Filter QF 579.

Harnsäurereagens. 50 g Natriumwolframat werden mit 40 ccm Phosphorsäure ($d = 1{,}7$) und 350 ccm destilliertem Wasser 2 bis 24 Stunden lang am Rückflußkühler gekocht, abkühlen gelassen und mit destilliertem Wasser auf 500 ccm aufgefüllt. Sollte die Lösung nach dem Kochen grünlich oder bläulich verfärbt sein, so beseitigt man diese Färbung mit tropfenweise zugesetzter Permanganatlösung, deren Überschuß durch einen Tropfen Oxalsäurelösung weggenommen wird (vor dem Verdünnen).

Abgestimmte Schichthöhe. Die Versuchslösung wird in 11,45 mm Schichthöhe (für SF 10) oder in 14,55 mm Schichthöhe (für QF 579) angewandt. Dann zeigt 1 mm Graulösung einen Gehalt von 10 mg Harnsäure in 100 ccm Harn an.

Empfindlichkeit der Methode. Da man mit 50 ccm Endlösung Schichthöhen von ca. 300 mm herstellen kann, lassen sich noch $^{100}/_{25} = 4$ mg Harnsäure in 100 ccm Harn quantitativ bestimmen und $^{1}/_{10}$ davon mit Sicherheit qualitativ nachweisen. Wünscht man eine größere Empfindlichkeit, so muß man größere Mengen Harn verarbeiten.

Harnsäure im Blutserum

Bestimmungsform: Blaufärbung mit Phosphorwolframsäure in alkalischer Lösung.

Literatur: L. Heilmeyer und W. Krebs, Biochem. Ztschr. **223**, 365 (1930).

Arbeitsvorschrift. Man vermischt 3 ccm Serum mit 3 ccm einer 1,55 $^0/_0$igen Lösung von Uranylacetat und 6 ccm destilliertem Wasser und schüttelt gut durch. Nach dem Filtrieren durch ein trockenes Faltenfilter werden 5 ccm des Filtrats in ein 10 ccm-Meßkölbchen pipettiert und hier mit 0,4 ccm Harnsäurereagens (siehe die Bestimmung der Harnsäure im Harn) und 3,2 ccm 22 $^0/_0$iger Sodalösung versetzt, worauf man mit destilliertem Wasser zur Marke auffüllt. Die Lösung ist nun fertig zum Messen, das frühestens nach 10 und spätestens nach 20 Minuten erfolgen soll.

Man mißt mit weißem Licht und Filter SF 10 oder mit Quecksilberlicht und Filter QF 579.

Abgestimmte Schichthöhe. Man gibt der Versuchslösung eine Schichthöhe von 9,15 mm (für SF 10) oder von 11,65 mm (für QF 579). Dann zeigt 1 mm Graulösung einen Gehalt von 1 mg Harnsäure in 100 ccm Serum an.

Empfindlichkeit der Methode. Mit 10 ccm Versuchslösung kann man gut die fünffache abgestimmte Schichthöhe herstellen. Es lassen sich also noch Mengen von 2 mg Harnsäure in 100 ccm Serum quantitativ messen, $^1/_{10}$ davon mit Sicherheit qualitativ nachweisen.

Harnsäure im Blut

Bestimmungsform: Blaufärbung mit Phosphorwolframsäure in alkalischer Lösung.

Literatur: O. Folin und H. Wu, Journ. Biol. Chem. **38**, 81 (1919); O. Folin, ebenda **51**, 419 (1922); **54**, 153 (1922).

Arbeitsvorschrift. Das Blut wird nach Folin-Wu enteiweißt (siehe S. 210). 5 ccm des dabei gewonnenen Filtrats (= 0,5 ccm Blut) pipettiert man in ein 10 ccm-Meßkölbchen. Hierzu fügt man 0,4 ccm Harnsäurereagens (siehe die vorhergehenden Methoden), sowie 3,2 ccm Sodalösung (22%) und füllt mit destilliertem Wasser zur Marke auf. Die Messung erfolgt frühestens nach 10 und spätestens nach 20 Minuten. Man benutzt weißes Licht mit Filter SF 10 oder Quecksilberlicht mit Filter QF 579.

Abgestimmte Schichthöhe. Die Versuchslösung wird in einer Schichthöhe von 22,9 mm (für SF 10) oder von 29,1 mm (für QF 579) angewandt. Dann gibt 1 mm Graulösung 1 mg Harnsäure in 100 ccm Blut an.

Empfindlichkeit der Methode. Da man mit 10 ccm Versuchslösung noch reichlich die doppelte abgestimmte Schichthöhe herstellen kann, lassen sich noch 3 bis 5 mg Harnsäure in 100 ccm Blut quantitativ bestimmen, $^1/_{10}$ davon noch mit Sicherheit qualitativ nachweisen.

Harnstoff im Harn

Bestimmungsform: Umwandlung in Ammoniumcarbonat durch Hydrolyse mittels Urease (Ferment aus Sojabohnen) und Bestimmung des durch Lauge freigemachten Ammoniaks aus der Braunfärbung mit Nesslers Reagens (siehe S. 80).

Literatur: Siehe die Buchliteratur.

Arbeitsvorschrift. Von dem Harn, der nötigenfalls (bei merklichem Gehalt an Ammoniak) vorher durch Behandeln mit Permutit von Ammoniak befreit werden muß (nach dem auf S. 121 angegebenen Verfahren, dem in diesem Falle einige ccm unverdünnten Harnes unterworfen werden), wird 1 ccm im Meßkolben mit destilliertem Wasser auf 100 ccm aufgefüllt. 2 ccm dieser Lösung, enthaltend 0,02 ccm Harn, pipettiert man in einen kleinen Kolben, der einen doppelt durchbohrten Stopfen mit Gaseinleitungs- und Gasableitungsrohr trägt, spült mit wenig Wasser den Hals innen ab, setzt 1 ccm Sojabohnenmehlextrakt (siehe weiter unten) und 0,1 ccm einer Phosphatpufferlösung (44,4 g sek. Natriumphosphat-Dihydrat und 34,0 g prim. Kaliumphosphat in 200 ccm destilliertem Wasser gelöst) hinzu und stellt die gut vermischte Flüssigkeit 15 Minuten lang in ein auf 55° gehaltenes Wasserbad. Nach dem Abkühlen setzt man das Ammoniak durch Zugeben von 5 ccm 10%iger Natronlauge in Freiheit und treibt es durch einen kräftigen (ammoniakfreien) Luftstrom, den man durch die Lösung im Kolben leitet, in eine mit 5 ccm 0,1 n-Schwefelsäure und 20 ccm CO_2-freiem destillierten Wasser beschickte Vorlage (Waschflasche). Nach 30 Minuten ist das Ammoniak in die Vorlage übergeführt. Deren Inhalt spült man in einen 100 ccm-Meßkolben, verdünnt stark, setzt 5 ccm 0,1 n-NaOH (carbonatfrei!) und 10 ccm Nesslers Reagens zu und füllt mit CO_2-freiem destillierten Wasser zur Marke auf.

Man kann auch 2 ccm verdünnten Harn gleich im 100 ccm-Meßkolben mit Sojabohnenmehlextrakt und Phosphatpuffer behandeln (genau wie oben) und nach Beendigung der Reaktion der vorher stark verdünnten Lösung 1,5 ccm 0,1 n-NaOH (carbonatfrei!) und 10 ccm Nesslers Reagens (das ja eine stark alkalische Flüssigkeit ist) zusetzen und mit CO_2-freiem destillierten Wasser zur Marke auffüllen.

In jedem Falle ist als Kompensationslösung ein Blindansatz (ohne Harn, sonst identisch) zu verwenden.

Zur Messung, die nach 10 Minuten Wartezeit erfolgt, benutzt man Quecksilberlicht und Filter QF 436.

Sojabohnenmehlextrakt. Der Mehlauszug muß völlig ammoniakfrei sein. Zu diesem Zwecke werden 3 g gereinigtes Permutit (siehe S. 125) mit 33 ccm 96%igem Alkohol und 70 ccm destilliertem Wasser übergossen, worauf man 5 g präpariertes Sojabohnenmehl (Merck) zugibt. Nachdem man mindestens 10 Minuten lang geschüttelt hat, läßt man über Nacht im Eisschrank stehen und filtriert durch ein dichtes Filter. Erhält man ein trübes Filtrat, so schüttelt man dieses mit einem kleinen Löffel Talcum und filtriert nochmals. Der Auszug hält sich im Eisschrank bis zu 4 Wochen, wenn man ihn in vollständig gefüllten und gut verstopften kleinen Flaschen („Portionsflaschen") aufbewahrt.

Abgestimmte Schichthöhe. Wenn die Versuchslösung in einer Schichthöhe von 33,8 mm angewandt wird, zeigt jedes mm Graulösung einen Harnstoffgehalt von 100 mg in 100 ccm Harn (also 1 Promille) an. Nimmt man eine Schichthöhe von 15,75 mm, so liest man an der Graulösungsskala (in mm) die Gehalte an Harnstoff-Stickstoff in Promille (je 100 mg in 100 ccm Harn) ab.

Empfindlichkeit der Methode. Mit Rücksicht auf die beschränkte Gültigkeit des Beerschen Gesetzes (s. S. 83) soll man es so einrichten, daß man in der Normalausführung der Methode nicht wesentlich weniger als 20 mm Graulösung erhält (entsprechend der oberen Grenze des Normalgehaltes von etwa 2% Harnstoff); nötigenfalls ist also eine größere Menge von verdünntem Harn zu verarbeiten (und das Ergebnis durch den Vervielfachungsfaktor zu dividieren).

Harnstoff im Blut

Bestimmungsform: Wie bei Harnstoff im Harn.

Literatur: Siehe die Buchliteratur.

Arbeitsvorschrift. 7 ccm Blutfiltrat von der Enteiweißung nach Folin-Wu (siehe S. 210) werden gegebenenfalls zur Beseitigung eines schädlichen (die Ureasewirkung hindernden) Überschusses von Fluorid mit einer Federmesserspitze reinem (gefälltem) Calciumcarbonat unter öfterem Umschütteln mindestens eine Stunde lang stehen gelassen und dann durch ein trockenes, kleines Filter filtriert. 5 ccm dieses Filtrats (= 0,5 ccm Blut) werden genau so behandelt wie die 2 ccm verdünnter Harn bei der Bestimmung des Harnstoffs im Harn. Jedoch wird als Vorlage direkt ein mit 1,2 ccm 0,1 n-Schwefelsäure + 10 ccm CO_2-freiem, ammoniakfreiem destillierten Wasser beschicktes Meßkölbchen von 25 ccm benutzt und dieses nach dem Übertreiben des Ammoniaks mit einem Zusatze von 12 ccm 0,01 n-NaOH (CO_2-frei!) und 2,5 ccm Nesslers Reagens versehen und mit ammoniakfreiem destillierten Wasser zur Marke aufgefüllt.

Die bei der Bestimmung des Harnstoffes im Harn an zweiter Stelle aufgeführte vereinfachte Methode ist hier nicht zu empfehlen.

Die Messung (10 Minuten Wartezeit) erfolgt mit Quecksilberlicht und Filter QF 436.

Abgestimmte Schichthöhe. Die Versuchslösung erhält eine Schichthöhe von 33,8 mm. Dann gibt jedes mm Graulösung einen Gehalt von 1 mg Harnstoff in 100 ccm Blut an. Wählt man Schichthöhen von 15,75 mm, so liest man an der Graulösungsskala (in mm) die mg Harnstoff-Stickstoff in 100 ccm Blut ab (mg $^0/_0$).

Empfindlichkeit der Methode. Man soll (bei 33,8 mm Versuchslösung) nicht wesentlich weniger als 20 mm Graulösung erhalten.

Diese Schichthöhe entspricht etwa der unteren Grenze des Normalgehaltes im Blut. Eine Erhöhung der Empfindlichkeit ist ohne komplizierende Maßnahmen nicht möglich. Bei abnorm hohem Harnstoffgehalt verarbeitet man eine entsprechend kleinere Menge Blutfiltrat und multipliziert das Ergebnis der Messung mit dem Verkleinerungsfaktor.

Indican im Harn

Bestimmungsform: a) Oxydation des Harnindicans (Indoxylsulfosäure) durch Ferrichlorid zu Indigo. b) Kondensation mit Ninhydrin zu einem roten Farbstoff.

Literatur: Methode a: M. K. Zacherl, Ztschr. f. physiol. Chem. **220**, 113 (1933). — Methode b: T. Kumon, Ztschr. für physiol. Chem. **231**, 205 (1935).

Methode a

Arbeitsvorschrift. 20 ccm frischer Harn werden mit 2 ccm Bleiessig (600 g Bleiacetat, 200 g Bleioxyd, 1 Liter Wasser) gefällt und filtriert. Vom Filtrat gibt man 11 ccm (= 10 ccm Harn) in einen Schütteltrichter, fügt 10 ccm Ferrichloridsalzsäure (konzentrierte Salzsäure, die in 100 ccm 20 mg $FeCl_3$ enthält) sowie 5 ccm (reinstes) Chloroform hinzu und schüttelt sofort energisch. Man läßt die violette Lösung in Chloroform ab und wiederholt das Ausschütteln mit neuen Portionen Chloroform, bis dieses keine Färbung mehr annimmt. Die vereinigten Auszüge werden durch ein mit Chloroform angefeuchtetes Filter in ein 25 ccm-Meßkölbchen filtriert, das Filter wird mit etwas Chloroform nachgewaschen und der Kölbcheninhalt mit Chloroform zur Marke aufgefüllt.

Man mißt mit weißem Licht und Filter SF 9 oder mit Quecksilberlicht und Filter QF 579.

Abgestimmte Schichthöhe. Die Chloroformlösung erhält eine Schichthöhe von 27,8 mm (für SF 9) oder von 38,55 mm (für QF 579). Dann zeigt jedes cm Graulösung einen Gehalt von 2 mg Indican in 100 ccm Harn an.

Bei indicanreichen Harnen empfiehlt sich die Verarbeitung von nur 5,5 ccm Harnfiltrat und die Verwendung der Schichtdicken 11,1 bzw. 15,4 mm; dann geben die mm Graulösung direkt mg Indican in 100 ccm Harn an.

Empfindlichkeit der Methode. In der Normalausführung läßt sich noch ein Gehalt von 0,4 mg Indican in 100 ccm quantitativ bestimmen, $^1/_{10}$ davon qualitativ mit Sicherheit nachweisen.

Methode b

Arbeitsvorschrift. 18 ccm Harn und 2 ccm $20^0/_0$ige Bleiacetatlösung werden gut durcheinandergeschüttelt und filtriert. 15 ccm des klaren Filtrats vermischt man mit 3 ccm $10^0/_0$iger Salzsäure sowie 1 ccm $3^0/_0$iger wässeriger Lösung von Ninhydrin (Triketohydrinden-hydrat, $C_9H_6O_4$) und erhitzt die Mischung in einem verstopften Reagensglase 3 Minuten lang im siedenden Wasserbade. Nach dem Abkühlen schüttelt man wiederholt mit je 5 ccm Chloroform aus, bis dieses sich nicht mehr rot färbt, filtriert die vereinigten Auszüge durch ein mit Chloroform angefeuchtetes Filter in ein 25 ccm-Meßkölbchen, wäscht mit Chloroform nach und füllt mit Chloroform zur Marke auf.

Die Messung erfolgt mit weißem Licht und Filter SF 5 oder mit Quecksilberlicht und Filter QF 546.

Abgestimmte Schichthöhe. Man gibt der Chloroformlösung eine Schichthöhe von 23,0 mm (für SF 5) oder von 34,6 mm (für QF 546); dann entspricht jedes cm Graulösung einem Gehalte von 2 mg Indican in 100 ccm Harn.

Empfindlichkeit der Methode. Man kann ca. $^1/_3$ mg $^0/_0$ Indican noch quantitativ bestimmen, $^1/_{10}$ davon mit Sicherheit qualitativ nachweisen.

Indican im Blutplasma

Bestimmungsform: Blauer Farbstoff (Indolignon) erhalten durch Kuppelung von Indican mit Thymol in starker Salzsäure, gemessen in Chloroformlösung.

Literatur: A. Jolles, Ztschr. f. physiol. Chem. **87**, 310 (1913); Monatsh. **36**, 457 (1915). Siehe auch die Buchliteratur.

Arbeitsvorschrift. Das Blutplasma wird durch Zusatz eines gleichen Volumens 20%iger Trichloressigsäure enteiweißt. Man filtriert und gibt vom Filtrat 4 ccm in einen kleinen Schütteltrichter (von etwa 50 ccm Inhalt), versetzt mit 10 Tropfen einer 5%igen alkoholischen Thymollösung sowie mit 10 ccm einer 5%igen Lösung von Ferrichlorid in rauchender Salzsäure und vermischt durch Schütteln, worauf der Ansatz 2 Stunden bei Zimmertemperatur stehen bleibt. Dann wird zweimal mit je 2 ccm Chloroform (nicht zu heftig) durchgeschüttelt. Die Chloroformauszüge werden in ein 5 ccm-Meßkölbchen übergeführt, das mit Chloroform zur Marke aufgefüllt wird. Ein Blindansatz, mit Wasser statt mit Blutplasma bereitet, dient zur Kompensation.

Man mißt mit weißem Licht und Filter SF 7 oder mit Quecksilberlicht und Filter QF 546.

Abgestimmte Schichthöhe. Die Chloroformlösung erhält eine Schichthöhe von 25,1 mm (für SF 7) oder von 26,1 mm (für QF 546). Die cm Graulösung entsprechen dann den mg % (mg in 100 ccm) Indican im Blutplasma.

Bei sehr hohen Indicangehalten nimmt man besser nur 2 ccm Plasmafiltrat (statt 4 ccm) in Arbeit und multipliziert die abgelesenen cm Graulösung mit 2, um die mg % zu erhalten.

Empfindlichkeit der Methode. Es läßt sich noch ein Gehalt von 1 mg % quantitativ bestimmen und $^1/_{10}$ davon qualitativ sicher nachweisen. Eine höhere Empfindlichkeit läßt sich durch Verarbeitung größerer Mengen von Plasmafiltrat erzielen.

Kalium im Harn

Bestimmungsform: Farbreaktionen, wie sie auf S. 50 bei der Kaliumbestimmung angegeben sind.

Literatur: Siehe die Bestimmung des Kaliums, S. 50.

Arbeitsvorschrift. Der Harn muß zunächst von Ammoniak und Ammoniumsalzen befreit werden. Das geschieht durch Behandeln mit Lithiumcarbonat, von dem man dem Harn etwa 1 Gewichtsprozent zusetzt. Die Mischung wird in eine Waschflasche gegossen, deren Gewicht samt Inhalt durch Wägung festgestellt wird. Man leitet hierauf bei einer Temperatur von 60° (Wasserbad) etwa $^1/_2$ Stunde lang einen kräftigen Strom ammoniakfreier Luft hindurch. Nach dem Abkühlen wägt man wieder und fügt so viel ccm Wasser hinzu, wie g Wasser durch Verdampfung verloren gegangen sind. Enthält der Harn Eiweiß, so ist dieses nunmehr zu entfernen, wie das bei der Bestimmung des Kaliums im Blut angegeben ist.

Von dem ammoniakfrei gemachten Harn werden 0,2 ccm verarbeitet, von dem enteiweißten Harn (der am Schlusse in fünffacher Verdünnung vorliegt — das Eindampfen, wie beim Blutserum, unterbleibt hier) nimmt man 1 ccm in Arbeit.

Diese Substanzprobe wird zur Kaliumbestimmung in genau der gleichen Weise benutzt, wie das bei der Anweisung für die Kaliumbestimmung (S. 50) angegeben ist.

Man mißt auch genau in gleicher Weise, wie bei der Kaliumbestimmung (S. 52f.) vorgeschrieben, und zwar gegen einen identisch behandelten Blindansatz mit 0,2 bzw. 1,0 ccm Wasser (statt des ammoniakfreien bzw. enteiweißten Harns) als Kompensationslösung.

Abgestimmte Schichthöhe. Man gibt der Endlösung eine Schichthöhe von

19,12 mm (SF 6) 18,55 mm (QF 546)	Methode a (mit Sulfanilsäure)
18,39 mm (SF 6) 22,44 mm (QF 546)	Methode b (mit Novocain).

Dann zeigt jedes mm Graulösung einen Gehalt von 1 mg % (1 mg in 100 ccm) Kalium im Harn an.

Empfindlichkeit der Methode. In der Normalausführung (bei 25 ccm Endlösung und dementsprechend ca. 150 mm Schichtlänge) lassen sich noch Gehalte von ca. 1,2 mg % quantitativ bestimmen, $^{1}/_{10}$ davon qualitativ sicher nachweisen.

Eine Erhöhung der Empfindlichkeit läßt sich unschwer durch Verwendung größerer Mengen der Lösung des Niederschlages (10 ccm) als nur 1 ccm (wie in der Normalausführung) oder auch durch Verarbeitung größerer Harnmengen erzielen; hierbei ist nötigenfalls durch Eindampfen die angewandte Flüssigkeitsmenge bei der Kaliumfällung auf maximal 2 ccm zu verringern.

Kalium im Blutplasma (oder Blutserum)

Bestimmungsform: Wie bei der Bestimmung des Kaliums im Harn.

Literatur: Siehe die Bestimmung des Kaliums im Harn.

Arbeitsvorschrift. Zur Enteiweißung muß ein besonderes Verfahren angewandt werden.

Vom Plasma (oder Serum) werden 10 ccm mit 5 ccm 1 n-Natronlauge (Präparat „purissimum"), 2,5 ccm einer 45%igen Lösung von Zinkvitriol (Heptahydrat) und destilliertem Wasser unter gutem Vermischen im Meßkolben auf 50 ccm gebracht. Der Kolbeninhalt wird in einen Kochbecher geschüttet und mit 0,2 g Magnesiumoxyd versetzt, worauf man im bedeckten Becher auf 90 bis 95° erhitzt und etwa 2 Minuten auf dieser Temperatur hält, bis die Lösung klar über dem Niederschlage steht. Man kühlt in kaltem Wasser und filtriert durch ein trockenes Faltenfilter. 10 ccm des Filtrats (= 2 ccm Plasma oder Serum) werden auf dem Wasserbade stark eingedampft, so daß die Flüssigkeit später nach dem Überspülen in das Kaliumfällungsröhrchen nicht mehr als 2 ccm einnimmt.

Ist die auf Kalium zu untersuchende Flüssigkeit der Enteiweißung nicht bedürftig (wie Liquor cerebrospinalis), so verwendet man unmittelbar 2 ccm davon als Substanzlösung.

Die Fällung des Kaliums erfolgt genau wie bei der Bestimmung im Harn, ebenso die Messung (unter Kompensation).

Abgestimmte Schichthöhe. Es gelten die gleichen Werte wie bei der Bestimmung des Kaliums im Harn. Nur geben nicht die mm, sondern die cm Graulösung die mg% Kalium im Blut an.

Empfindlichkeit der Methode. Die Empfindlichkeit ist zehnmal so groß wie diejenige der Kaliumbestimmung im Harn (weil die zehnfache Menge der zu untersuchenden Flüssigkeit angewandt wird: 2 ccm Plasma oder Serum gegen 0,2 ccm Harn).

Kreatinin im Harn

Bestimmungsform: Rotfärbung von Kreatininpikrat in alkalischer Lösung.

Literatur: H. Popper, E. Mandel und H. Mayer, Biochem. Ztschr. **291**, 354 (1937); dort weitere Literatur.

Arbeitsvorschrift. Frischer Harn wird auf das Zehnfache mit destilliertem Wasser verdünnt (im Meßkolben). Vom verdünnten Harn pipettiert man 10 ccm in einen 100 ccm-Meßkolben, fügt 60 ccm gesättigte wässerige Pikrinsäurelösung (siehe weiter unten) sowie 5 ccm $10^0/_0$ige Natronlauge zu und füllt mit destilliertem Wasser zur Marke auf. Nach 15 Minuten filtriert man direkt in den Kolorimeterbecher (das Filtrat muß absolut klar sein) und mißt nach 60 Minuten. Ein Blindansatz mit Wasser statt Harnlösung dient als Kompensationslösung.

Die Messung erfolgt mit weißem Licht und Filter SF 5.

Gereinigte Pikrinsäure. Die käufliche Pikrinsäure wird im Vakuum bei 80 bis 90° getrocknet und in siedendem Eisessig zur Sättigung aufgelöst. Die heiße Lösung wird durch einen Heißwassertrichter filtriert und über Nacht zur Ausscheidung der Pikrinsäure bei Zimmertemperatur stehen gelassen. Der Kristallbrei wird abgesaugt, mit Eisessig gewaschen und im Vakuum bis zur völligen Verflüchtigung des Lösungsmittels getrocknet. Eine gesättigte Lösung der reinen Säure in Wasser wird unter Erhitzen hergestellt, die abgekühlte Lösung klar filtriert. Sie ist $1{,}2^0/_0$ig.

Abgestimmte Schichthöhe. Die Versuchslösung wird in einer Schichthöhe von 6,57 mm angewandt. Dann gibt 1 mm Graulösung einen Gehalt von 10 mg $^0/_0$ Kreatinin im Harn (10 mg in 100 ccm) an.

Empfindlichkeit der Methode. Quantitativ bestimmbar sind Gehalte bis herab zu 15 mg $^0/_0$ (bei ca. 50 mm Schichtlänge)[1], qualitativ nachweisbar $^1/_{10}$ davon.

[1]) Größere Schichtlängen sind im Hinblick auf die Extinktion der Blindlösung nicht verwendbar.

Kreatinin (und Kreatin) im Blut

Bestimmungsform: Wie bei Kreatinin im Harn.

Literatur: Wie bei Kreatinin im Harn.

Arbeitsvorschrift. Zur Bestimmung des Kreatinins benutzt man zweckmäßig Plasma oder Serum.

Zu 12 ccm gesättigter Pikrinsäurelösung (siehe die Bestimmung von Kreatinin im Harn) gibt man tropfenweise 4 ccm Plasma oder Serum. Nach 10 bis 15 Sekunden langem Erwärmen auf dem siedenden Wasserbade filtriert man das Gemisch sofort durch ein Schwarzbandfilter (Schleicher und Schüll, Nr. 597). Zu 10 ccm des klaren Filtrats (= 2,5 ccm Körperflüssigkeit) gibt man 0,5 ccm 10%ige Natronlauge. Ist die Mischung getrübt, so filtriert man sie nach 15 Minuten in den Kolorimeterbecher und mißt 60 Minuten nach dem Laugenzusatze. Als Kompensationslösung benutzt man eine Mischung von 7,5 ccm Pikrinsäurelösung, 2,5 ccm Wasser und 0,5 ccm Natronlauge. Man mißt mit weißem Licht und Filter SF 5.

Bei der Bestimmung von Kreatinin in Vollblut muß der Zusatz von Pikrinsäure etwas höher gewählt werden (Näheres in der Originalliteratur). Im allgemeinen ist aber diese Komplikation überflüssig, weil der Gehalt des Vollblutes an Kreatinin dem des Plasmas oder Serums praktisch gleich ist.

Will man außer dem Kreatinin auch das (normalerweise in größerer Menge vorhandene) Kreatin des Blutes bestimmen, so muß man es zunächst durch Erhitzen mit Salzsäure in sein Anhydrid Kreatinin verwandeln. Zu diesem Zwecke werden die nach obiger Vorschrift zu verarbeitenden 10 ccm des klaren Filtrats von der Pikrinsäurefällung des Eiweißes mit 2 ccm 2 n-Salzsäure vermischt und im bedeckten Kölbchen im siedenden Wasserbade 5 Stunden lang erhitzt, zuletzt unter Abnahme des Deckels (Uhrglases usw.) vom Kölbchen, so daß die Flüssigkeit in gewissem Umfange eindampft. Man spült sie nach dem Abkühlen in ein 10 ccm-Meßkölbchen, gibt 2 ccm der 10%igen Natronlauge zu und füllt mit destilliertem Wasser zur Marke auf, worauf man noch 0,5 ccm destilliertes Wasser zugibt und gut umschüttelt. Nach 15 Minuten erfolgt gegebenenfalls das Filtrieren in den Kolorimeterbecher und die weitere Behandlung nach der beim Plasma (Serum) angegebenen Vorschrift.

Die Bestimmung von Kreatinin + Kreatin (dieses ebenfalls als Kreatinin) heißt die Bestimmung des „Gesamtkreatinins".

Abgestimmte Schichthöhe. Die Endlösung wird in 27,6 mm Schichthöhe angewandt. Dann zeigt 1 cm Graulösung einen Gehalt von 1 mg % Kreatinin (1 mg in 100 ccm Blut usw.) an. Bei der Bestimmung des „Gesamtkreatinins" arbeitet man zweckmäßig mit der halben Schichthöhe und multipliziert dafür den abgelesenen Wert mit 2.

Empfindlichkeit der Methode. Es lassen sich noch Gehalte von 0,6 mg % quantitativ bestimmen und $^1/_{10}$ davon qualitativ mit Sicherheit nachweisen.

Kupfer im Blut

Bestimmungsform: Da es sich um die Bestimmung außerordentlich kleiner Kupfermengen handelt, kommt nur die empfindlichste Methode, die Bestimmung mittels Phenyl-semicarbazid (siehe S. 57) in Betracht.

Literatur: U. Sarata, Japan J. med. Soc. II. Biochem. **2**, 247; 261 (1933).

Arbeitsvorschrift. Nach Zerstörung der organischen Substanz auf nassem Wege wird das Kupfer mit Schwefelwasserstoff als Sulfid gefällt, abzentrifugiert, in Salpetersäure gelöst, zur Trockne verdampft und in möglichst kleinem Volumen optisch gemessen. Die Schwierigkeit besteht in der genauen Abmessung eines so kleinen Volumens, das gerade ausreichen soll, in einem Mikrobecher die erforderliche Schichthöhe herzustellen. Man würde hierzu etwa 2 ccm benötigen und könnte somit ein Meßkölbchen von diesem Rauminhalt verwenden. Solche Kölbchen sind jedoch nicht im Handel, was aber nicht ausschließt, sie eigens für diesen Zweck anfertigen zu lassen. Regulär wird hier mit Meßkölbchen von 5 ccm Inhalt gerechnet; die Verwendung noch kleinerer Kölbchen gestattet die Erhöhung der Empfindlichkeit bei Benutzung der gleichen Substanzmenge oder die Verminderung der letzteren bei gleichbleibender Empfindlichkeit.

5 ccm Körperflüssigkeit (Vollblut, Plasma, Serum) werden in ein Mikro-Kjeldahlkölbchen eingemessen und mit 10 ccm konzentrierter Schwefelsäure versetzt. Man erhitzt zunächst im Sandbade, dann über einem Mikrobrenner, bis die Flüssigkeit durchsichtig und hellbraun geworden ist. Man läßt dann kurz abkühlen, fügt tropfenweise 1 ccm Perhydrol unter Umschwenken hinzu und erhitzt wieder etwa 15 Minuten lang. Nach völliger Zerstörung der Farbe läßt man abkühlen und führt die Mischung unter gleichzeitiger Verdünnung in ein Zentrifugenglas über. Das Volumen soll nun 150 ccm betragen. Man gibt 2,5 ccm einer 1%igen Lösung von Magnesiumchlorid zu und unter Rühren

tropfenweise 10 n-Natronlauge, bis die erste bleibende Trübung entsteht. Diese nimmt man mit einigen Tropfen verdünnter Schwefelsäure weg und fügt noch 5 ccm 2 n-Schwefelsäure zu. Man leitet dann durch ein Rohr mit kapillarer Spitze gewaschenen Schwefelwasserstoff ein (1 Stunde lang 1 Blase in 2 bis 3 Sekunden) streut (nach dem Kunstgriff von S. 51) 0,1 g Jenaer Glaspulver auf die Oberfläche der Flüssigkeit und schleudert nun etwa 20 Minuten lang mit 2500 Touren. Die überstehende klare Flüssigkeit wird sorgfältig abgesaugt, der Niederschlag mit Schwefelwasserstoffwasser gewaschen (dreimal unter Aufrühren mit nachfolgendem Zentrifugieren). Man löst dann das Kupfersulfid durch Behandeln mit 2 ccm mäßig (1 : 2) verdünnter Salpetersäure unter Einstellen ins siedende Wasserbad und öfterem Aufrühren mit einem Platindrahte oder dünnem Glasstabe. Diese Operation erfordert etwa 15 Minuten. Man filtriert durch ein aschefreies quantitatives Filter in ein Schälchen, wäscht gut aus und verdampft die Lösung auf dem Wasserbade zur Trockne. Den Rückstand nimmt man mit destilliertem Wasser auf und führt die Lösung in ein 5 ccm-Meßkölbchen über. Nach der Zufügung von 0,15 ccm 0,02%iger Bleiacetatlösung und 0,15 ccm 0,2%iger Phenylsemicarbazidlösung wird auf dem Wasserbade 40 Minuten lang auf 40° erwärmt, nach dem Abkühlen mit destilliertem Wasser zur Marke aufgefüllt und mit weißem Licht und Filter SF 6 gemessen.

Abgestimmte Schichthöhe. Die Versuchslösung erhält eine Schichthöhe von 48,7 mm. Man benutzt einen Mikrobecher, dessen Parallelgefäß (ebenfalls ein Mikrobecher) mit einem identisch behandelten Blindansatze (mit 5 ccm Wasser statt Blut) beschickt wird. Dann entspricht 1 mm Graulösung einem Kupfergehalte von 10 γ in 100 ccm Blut usw.

Empfindlichkeit der Methode. In der Normalausführung lassen sich 100 γ % Kupfer mit der normalen Genauigkeit quantitativ bestimmen, $^1/_{10}$ davon qualitativ sicher nachweisen. 50 γ % (die untere Grenze des normalen Kupfergehaltes von Blutarten — beim Menschen etwa $1^1/_2$mal so groß —) lassen sich mit ca. $\pm$ 2% Versuchsfehler messen. Diese Fehlergrenze sinkt auf $\pm$ 1%, wenn man die Endsubstanz in einem Kölbchen von 2,5 ccm löst (siehe oben) und auch die Zusätze halbiert.

Magnesium im Harn

Bestimmungsform: Ausfällung als Magnesium-Ammonium-Phosphat, Abtrennung, Auflösung und Bestimmung der Phosphorsäure mit Hilfe des Molybdänblaureagens nach Zinzadze[1]).

Literatur: C. Urbach, Biochem. Ztschr. **241**, 222 (1931).

Arbeitsvorschrift. (Modifikation des Originalverfahrens). 5 ccm Harn werden in einem Zentrifugenglase mit 1 ccm einer $4^0/_0$igen Ammoniumoxalatlösung und 2 ccm gesättigter Natriumacetatlösung vermischt. Ist der Harn nicht völlig eiweißfrei, so wird er verascht und die Asche in möglichst wenig verdünnter Salzsäure aufgenommen, die Lösung auf 5 ccm verdünnt und wie vorstehend behandelt. Man läßt 30 Minuten stehen und schleudert dann bei 1500 Umdrehungen.

Von der überstehenden klaren Flüssigkeit werden 6 ccm in ein zweites Schleuderglas abpipettiert und unter Umschütteln mit 1 ccm $5^0/_0$iger Ammoniumphosphatlösung und 2 Tropfen konzentriertem Ammoniak versetzt. Man befördert die Abscheidung des Niederschlages durch Reiben der Innenwand des Gefäßes mit einem Glasstabe, der dann sorgfältig abgespült wird. Nach zehnstündigem Stehen wird zentrifugiert. Nach dem Absaugen der klaren Flüssigkeit wird der Niederschlag unter Aufwirbeln und jedesmaligem Zentrifugieren dreimal mit verdünntem Ammoniak (1 : 2) und zuletzt noch einmal mit 5 ccm $75^0/_0$igem Alkohol gewaschen. Nach dem letzten Absaugen der Flüssigkeit wird der Niederschlag durch Einstellen des Glases in ein siedendes Wasserbad getrocknet. Man löst ihn sodann in 5 ccm 0,1 n-Schwefelsäure und führt die Lösung unter Nachspülen mit einmal 5 ccm 0,1 n-Schwefelsäure und zweimal 5 ccm Wasser in ein 25 ccm-Meßkölbchen über, das mit destilliertem Wasser zur Marke aufgefüllt wird. Von dieser Lösung werden

[1]) Siehe auch S. 84.

2,5 ccm in ein 25 ccm-Meßkölbchen einpipettiert, etwas verdünnt und mit Sodalösung und β-Dinitrophenollösung (1‰, alkoholisch) auf schwache Gelbfärbung titriert. Als Vergleichsfärbung dient die eines gleichen Volumens (in einem gleichen Kölbchen) einer Lösung, die in 100 ccm 1 Tropfen Indikatorlösung und 10 ccm 0,1 n-Natronlauge enthält.

Man fügt dann 0,2 ccm Molybdänblaureagens nach Zinzadze (siehe S. 84) hinzu, erhitzt für 5 bis 8 Minuten zu langsamem Kochen, kühlt in fließendem Wasser ab und füllt mit destilliertem Wasser zur Marke auf.

Man mißt nach 15 Minuten mit weißem Licht und Filter SF 9 unter Kompensation durch einen Blindansatz.

Abgestimmte Schichthöhe. Endlösung und Kompensationslösung erhalten eine Schichthöhe von 11,16 mm. Dann zeigt jedes mm Graulösung einen Gehalt von 1 mg % Mg (1 mg Mg in 100 ccm Harn) an.

Empfindlichkeit der Methode. In der angegebenen Normalausführung lassen sich noch Mengen von 1 mg in 100 ccm Harn quantitativ messen, $^1/_{10}$ davon qualitativ sicher nachweisen. Eine Erhöhung der Empfindlichkeit läßt sich durch Verarbeitung größerer Mengen von Harn oder durch geringere Verdünnung der schwefelsauren Phosphatlösung bei der Herstellung der Endlösung erzielen.

Magnesium im Blutserum

Bestimmungsform: Ausfällung als Tropäolinsalz (siehe S. 64), Bestimmung der Tropäolinfärbung in saurer Lösung.

Literatur: K. Lang, Biochem. Ztschr. **253**, 215 (1932).

Arbeitsvorschrift. 2 ccm Serum werden in einem Schleuderglase mit 1 ccm Wasser und 1 ccm gesättigter Ammoniumoxalatlösung vermischt. Nach einstündigem Stehen wird das Calciumoxalat abgeschleudert. 3 ccm der klaren Flüssigkeit (= 1,5 ccm Serum) werden in einem 10 ccm-Meßkölbchen mit 2 ccm 10%iger Natriumwolframatlösung und 2 ccm $^2/_3$ n-Schwefelsäure versetzt und mit destilliertem Wasser zur Marke aufgefüllt. Man filtriert das Eiweiß durch ein trockenes Filter ab, pipettiert 4 ccm des Filtrates (= 0,6 ccm Serum) in ein Schleuderglas und stellt dieses nach Zufügung von 2 ccm gesättigter Tropäolinlösung für eine Stunde in Eiswasser. Die Lösung muß rein gelb sein und ist nötigenfalls zu diesem Zwecke mit konz. Ammoniak (tropfenweise) zu versetzen. Man schleudert dann, saugt die überstehende Lösung ab und wäscht viermal mit kaltem Wasser (unter jedesmaligem Schleudern) oder filtriert (statt des Schleuderns) durch ein Jenaer Glasfrittenfilter G 4.

Das Salz wird in 4 ccm 95%iger Schwefelsäure gelöst, in ein 25 ccm-Meßkölbchen gespült, worauf gut nachgewaschen und mit destilliertem Wasser zur Marke aufgefüllt wird.

Die Messung erfolgt mit weißem Licht und Filter SF 6 oder mit Quecksilberlicht und Filter QF 546.

Abgestimmte Schichthöhe. Wendet man die Versuchslösung (Endlösung) in einer Schichthöhe von 39,6 mm (für SF 6) oder von 42,5 mm (für QF 546) an, so entspricht jedem mm Graulösung ein Gehalt von 10 γ Mg in 100 ccm Serum. Ergeben sich zu hohe Farbkonzentrationen, so verdünnt man die Lösung vor der Messung mit 10%iger Schwefelsäure und multipliziert das Meßergebnis mit dem Verdünnungsfaktor.

Empfindlichkeit der Methode. In der Normalausführung kann man noch etwa 30 γ Mg in 100 ccm Serum quantitativ bestimmen, $^1/_{10}$ davon qualitativ mit Sicherheit nachweisen. Durch Verarbeitung größerer Serummengen läßt sich die Empfindlichkeit erhöhen.

Milchsäure im Blut

Bestimmungsform: Siehe die Bestimmung der Milchsäure, S. 110.

Literatur: H. J. Fuchs, Biochem. Ztschr. **217**, 405 (1930).

Arbeitsvorschrift. Als Substanzlösung im Sinne der Vorschrift auf S. 110 benutzt man 1,5 ccm eines Blutfiltrats, das folgendermaßen gewonnen wird.

1 ccm Blut wird mit 6 ccm destilliertem Wasser und 1 ccm frisch bereiteter Metaphosphorsäurelösung (5%) vermischt.

Nach kräftigem Schütteln und 20 Minuten langem Stehenlassen filtriert man durch ein trockenes Filter (7 cm Durchmesser). Das Filtrat wird nach Heller (Überschichten einer Probe über konzentrierte Salpetersäure und Beobachtung, ob ein scharf abgesetzter Ring auftritt) auf Eiweißfreiheit geprüft (kein Ring!). 4 ccm Filtrat (= 0,5 ccm Blut) werden mit 1 ccm halbgesättigter Kupfervitriollösung und einer Messerspitze trockenem, feingepulvertem Calciumhydroxyd gemischt und mehrfach kräftig durchgeschüttelt. Nach einer halben Stunde, während deren noch mehrfach geschüttelt wird, erfolgt Filtration der über dem Bodensatze stehenden Lösung durch ein trockenes kleines Filter. 1,5 ccm des Filtrats (= 0,15 ccm Blut) verwendet man als Substanzlösung zur Milchsäurebestimmung.

Abgestimmte Schichthöhe. Man benutzt eine Schichthöhe von 43,3 mm (für SF 6) oder von 55,1 mm (für QF 546). Dann entspricht jedes cm Graulösung einem Gehalte von 1 Promille Milchsäure (0,1 g in 100 ccm Blut).

Empfindlichkeit der Methode. Quantitativ bestimmbar ist 1 Promille Milchsäure im Blut, qualitativ sicher nachweisbar $^{1}/_{10}$ davon.

Natrium im Blutserum

Bestimmungsform: Fällung als Natriumzinkuranylacetat $NaZn(UO_2)_3(C_2H_3O_2)_9 \cdot 6\,H_2O$, Abtrennung, Auflösung in Natriumcitratlösung, Gelbfärbung des entstehenden Komplexes.

Literatur: L. Jendrassik und M. Halász, Biochem. Ztschr. **298**, 74 (1938).

Arbeitsvorschrift. Das Blutserum wird mit Trichloressigsäure enteiweißt, indem man 1 ccm Serum mit 3 ccm destilliertem Wasser und 1 ccm 20%iger Trichloressigsäure (frisch bereitete Lösung) vermischt und durch ein aschefreies Filter (Schleicher und Schüll Nr. 589 III, Blauband) filtriert. Vom Filtrat nimmt man 0,5 ccm (entsprechend 0,1 ccm Serum) als Substanzlösung im Sinne der Vorschrift von S. 49 und verfährt damit genau, wie dort angegeben. Als Blindprobe dient ein identisch behandelter Ansatz mit 0,5 ccm destilliertem Wasser + 0,1 ccm Trichloressigsäure (20%) statt Serumfiltrat. Es empfiehlt sich, das Mittel aus den Ergebnissen zweier Parallelversuche zu nehmen.

Die Messung erfolgt mit Quecksilberlicht und Filter QF 436.

Abgestimmte Schichthöhe. Man verwendet eine Schichthöhe von 22,2 mm. Dann zeigt jedes mm Gaulösung einen Gehalt von 20 mg% Na im Blutserum (20 mg in 100 ccm Serum) an. Der Normalgehalt entspricht rund 15 mm Graulösung.

Natrium im Harn

Bestimmungsform: Siehe Natrium im Blutserum.

Literatur: Siehe Natrium im Blutserum.

Arbeitsvorschrift. Die im Harn in großer Menge vorhandenen Phosphate stören und müssen zunächst entfernt werden. Das geschieht durch Fällung mit schwach saurer Uranylacetatlösung (3 g Uranylacetat — reinstes, natriumfreies Präparat — und 3 ccm Eisessig in 100 ccm destilliertem Wasser gelöst).

Man mischt 2 ccm Harn mit 2 ccm Uranylacetatlösung und fügt nach viertelstündigem Stehen 6 ccm destilliertes Wasser hinzu, worauf durch ein Blaubandfilter filtriert wird. Vom Filtrat benutzt man 0,5 ccm (entsprechend 0,1 ccm Harn) als Substanzlösung zur Natriumbestimmung, die genau nach der bei der Bestimmung des Natriums im Blutserum gegebenen Vorschrift ausgeführt wird. Den Blindansatz bereitet man mit 0,1 ccm Uranylacetatlösung statt des Harnfiltrats.

Abgestimmte Schichthöhe. Es gelten die bei der Bestimmung des Natriums im Blutserum angegebenen Werte.

Oxalsäure in Harnsteinen

Bestimmungsform: Messung der Schwächung, welche die Färbung des Ferri-Sulfosalicylsäurekomplexes durch die Oxalsäure erfährt (siehe S. 99 u. 134).

Literatur: L. Jendrassik und F. Tabács, Biochem. Ztschr. **274**, 200 (1934).

Allgemeines. Nach diesem Verfahren läßt sich die Oxalsäure in beliebigem Material, in Lösungen oder in festen Körpern, die sich in Säure lösen, bestimmen.

Arbeitsvorschrift. Das Verfahren stimmt mit dem der Bestimmung des Calciums als Oxalat überein. Es wird im einzelnen auf dieses Verfahren (S. 134) verwiesen.

Das zu untersuchende Material wird, sofern es sich um feste Körper handelt (z. B. um einen Harnstein), fein gepulvert und gut durchgemischt. Man wägt genau 3 mg (auf einer geeigneten Feinwaage) ab und löst unter Ausschluß von Tageslicht im 25 ccm-Meßkolben in genau 5 ccm einer salzsauren Ferrichloridlösung (siehe S. 134) vollkommen auf, gibt 5 Tropfen einer 0,5 n- (= $^1/_{12}$ m-) Kaliumjodatlösung sowie 2,50 ccm einer 2%igen Sulfosalicylsäurelösung (aus trockenen Kristallen bereitet) hinzu und füllt mit destilliertem Wasser zur Marke auf.

Man mißt gegen einen Blindansatz nach dem Verfahren der „Überkompensation durch die Blindprobe" (S. 120) bei je 20 mm Schichthöhe von Versuchslösung und Blindprobe, und zwar mit weißem Licht und Filter SF 4.

Das Verfahren der abgestimmten Schichthöhe ist, wie bereits auf S. 135 auseinandergesetzt, nicht anwendbar. Man entnimmt den Gehalt der Substanzprobe an Oxalsäure der Auswertungstabelle (S. 173) und findet den Prozentgehalt an Oxalsäure (auf $H_2C_2O_4$ bezogen), indem man die Zahlen der Auswertungstabelle durch 30 dividiert (falls man genau 3 mg Substanz angewandt hat; sonst durch Division mit dem Zehnfachen der Substanzmenge in mg).

Auswertungstabelle

für Graulösungsschichthöhen von 12,0 bis 32,0 mm bei der Bestimmung von Oxalsäure.

Die Zahlenangaben bedeuten γ $H_2C_2O_4$ in 25 ccm Meßlösung

Graulösung	Zehntelmillimeter									
mm	0	1	2	3	4	5	6	7	8	9
12	526	531	536	541	546	551	556	561	567	573
13	579	584	590	595	600	605	611	616	621	627
14	633	638	643	649	654	659	665	670	675	681
15	687	692	698	703	709	714	720	725	731	737
16	743	749	754	760	766	771	777	783	789	795
17	801	807	812	818	824	830	836	842	848	854
18	860	866	872	878	884	890	896	902	908	914
19	920	926	932	938	944	950	956	962	968	975
20	981	987	993	1000	1006	1012	1019	1025	1032	1038
21	1045	1051	1058	1064	1071	1077	1084	1090	1096	1103
22	1110	1117	1123	1130	1136	1143	1149	1156	1163	1170
23	1177	1184	1191	1197	1204	1211	1217	1224	1231	1238
24	1245	1252	1259	1266	1273	1280	1287	1294	1301	1309
25	1317	1324	1332	1340	1347	1355	1363	1371	1379	1387
26	1395	1403	1411	1419	1427	1435	1443	1451	1459	1467
27	1476	1484	1493	1502	1511	1520	1529	1538	1547	1556
28	1565	1574	1583	1592	1601	1610	1619	1629	1639	1649
29	1659	1669	1679	1689	1699	1709	1719	1730	1741	1755
30	1763	1774	1785	1797	1809	1821	1833	1845	1857	1869
31	1882	1895	1908	1922	1936	1951	1966	1982	1998	2012
32	2033	—	—	—	—	—	—	—	—	—

Ergeben sich zu kleine oder zu große Graulösungsschichten, so vermehrt oder vermindert man die verarbeitete Substanzmenge, so daß man in den Bereich der Auswertungstabelle kommt.

Phosphor (Lipoidphosphor) und Phosphat im Blut

Bestimmungsform: Blaufärbung der Phosphorsäure in annähernd neutraler Lösung mit Molybdänblaureagens nach Zinzadze (siehe S. 84).

Literatur: C. Urbach, Biochem. Ztschr. **239**, 182 (1931); siehe auch die Buchliteratur. Modifikation der bekannten Verfahren.

Allgemeines. Das im folgenden angegebene Meßverfahren setzt das Vorhandensein des Phosphors als Phosphorsäure (Phosphation PO_4''') voraus. Ohne weitere Vorbehandlung der Substanz wird durch dieses Verfahren nur der „anorganische Phosphor" (eben das Phosphat) erfaßt. Man kann in dieser Weise z. B. den Gehalt an Phosphat-Phosphor im Blut (Serum, Plasma) oder im Harn ermitteln. Sind die Flüssigkeiten eiweißhaltig (im Falle von Blut usw. also immer), so ist vorher das Eiweiß auszufällen. Das muß durch indifferente Mittel geschehen, am einfachsten durch Trichloressigsäure, wobei man dafür sorgt, daß der verdünnte Ansatz der Substanz vor der Filtration für Trichloressigsäure 5%ig ist. Man gibt also z. B. zu 2,5 ccm Serum oder Blut etwas Wasser und 5 ccm 25%ige Trichloressigsäure, worauf zu 25 ccm (im Meßkolben) aufgefüllt wird. Nach halbstündigem Stehen in in der Kälte wird durch ein trockenes Filter filtriert. 4 ccm des Filtrats (= 0,5 ccm Serum usw.) werden für die Herstellung der Meßlösung verarbeitet[1]).

Will man im Filtrat neben dem fertig gebildeten Phosphat auch den in anderer Form „säurelöslichen" Phosphor miterfassen, so muß man das Filtrat eindampfen und mit Schwefelsäure-Salpetersäure oxydierend aufschließen. Das Verfahren deckt sich im wesentlichen mit der unten angegebenen Umwandlung des Lipoidphosphors in Phosphorsäure.

---

[1]) Das hierbei anzuwendende Verfahren ist auf S. 176 hinter dem Zeichen [†] angegeben.

Bei der Bestimmung des „Gesamtphosphors“ beliebiger Bindungsform wird die Substanz (Blut usw.) unmittelbar der oxydierenden Aufschließung unterworfen.

Geht man in allen diesen Fällen mit oxydierender Aufschließung von 0,5 ccm Substanzmenge (Harn, Blut, Serum) aus, deren Phosphorgehalt also schließlich in der Meßlösung vorhanden ist, so kann man die bei der Bestimmung des Lipoidphosphors vorgeschriebene abgestimmte Schichthöhe benutzen und findet in genau gleicher Weise unmittelbar den Phosphorgehalt der Substanz in mg $^0/_0$ (P).

Verarbeitet man im Einzelfalle ein Vielfaches von 0,5 ccm der Substanz oder einen Bruchteil dieses Volumens für die Herstellung der Meßlösung, so muß natürlich im ersteren Falle das primäre Meßergebnis durch den Vervielfachungsfaktor dividiert, im letzteren Falle mit dem Divisor (Verkleinerungsmaßstab) multipliziert werden.

Arbeitsvorschrift für die Bestimmung des Lipoidphosphors[1]. 2,5 ccm Blut (Serum, Plasma) werden in einem 50 ccm-Meßkolben durch Schwenken in 40 ccm Alkohol-Äthermischung (3 : 1) verteilt, in heißem Wasser kurz bis zum beginnenden Sieden erhitzt, auf Zimmertemperatur abgekühlt und mit der Lösungsmittelmischung zur Marke aufgefüllt. Die Lösung wird unter Vermeidung der Verdampfung (bedeckt halten, in ein geschlossenes Gefäß laufen lassen) durch ein trockenes Filter filtriert. 10 ccm des Filtrats (= 0,5 ccm Substanz) werden in einem 50 ccm-Erlenmeyer aus Quarzglas[2]) auf dem Wasserbade (Vermeidung offener Flamme, Erhitzen durch Heizplatte) nahezu vollkommen eingedampft, worauf der Rückstand mit 6 Tropfen konzentrierter Schwefelsäure und 1 ccm rauchender Salpetersäure erwärmt und bis zum Auftreten dicker Schwefelsäurenebel abgeraucht wird[3]). Man erhitzt hierbei auf einer elektrischen Heizplatte. Der Rückstand

---

[1]) Bezüglich des Extraktionsverfahrens siehe neuerdings H. G. Krainick, Klin. Wochenschr. **17**, 706 (1938).

[2]) Glasgefäße nehmen augenscheinlich etwas Phosphorsäure auf, so daß merkliche Verluste entstehen. Siehe hierzu die Mitteilungen von J. K. Parnas, Z. f. anal. Chem. **114**, 264 (1938).

[3]) Wahrscheinlich wird man mit Vorteil auch das Veraschungsverfahren auf S. 163 anwenden können.

[†][1]) wird mit destilliertem Wasser in ein 25 ccm-Meßkölbchen gespült, mit einem Tropfen 1%iger alkoholischer β-Dinitrophenollösung versetzt und mit einer kalt gesättigten Sodalösung bis zum Auftreten einer schwachen Gelbfärbung neutralisiert; als Vergleichsfärbung dient diejenige einer Lösung, die in 100 ccm 1 Tropfen Indikatorlösung und 10 ccm 0,1 n-Natronlauge enthält (in einem gleichen Kolben und in gleichem Volumen angewandt). Man gibt nun 0,2 ccm Molybdänblaureagens nach Zinzadze (siehe S. 84) hinzu, ergänzt das Volumen mit destilliertem Wasser auf etwa 20 ccm, wirft als Siedesteinchen ein erbsengroßes Körnchen Jenaer Glassintermasse hinein und erhitzt für 5 bis 8 Minuten zu langsamem Kochen. Man kühlt unter der Wasserleitung ab und füllt mit destilliertem Wasser zur Marke auf.

Nach 15 Minuten wird mit weißem Licht und Filter SF 9 gemessen. Ein identischer Blindversuch mit 10 ccm Lösungsmittelgemisch statt Filtrat liefert die Kompensationslösung.

Abgestimmte Schichthöhe. Versuchslösung und Kompensationslösung werden in einer Schichthöhe von 12,35 mm angewandt. Dann entspricht 1 mm Graulösung einem Gehalte von 1 mg P in 100 ccm Blut usw.

Hat kein oxydierender Aufschluß stattgefunden (wie bei der Bestimmung des „anorganischen Phosphors"), so ist die mit den Angaben auf S. 85 übereinstimmende abgestimmte Schichthöhe von 10,7 mm anzuwenden, um ebenfalls die mg % P direkt in mm Graulösung ablesen zu können[2]).

Empfindlichkeit der Methode. Es lassen sich noch Mengen von 1 mg P in 100 ccm Blut usw. quantitativ messen, $^1/_{10}$ davon mit Sicherheit qualitativ nachweisen. Die Empfindlichkeit läßt sich durch Verarbeitung größerer Substanzmengen steigern.

---

[1]) Siehe S. 174, Fußnote 1.

[2]) Die hierin liegende Diskrepanz beruht darauf, daß man nach dem oxydierenden Aufschluß für eine gegebene Phosphorsäuremenge eine etwas schwächere Blaufärbung findet als ohne Aufschluß. Die Ursache dieser Erscheinung ist noch nicht aufgeklärt. Es besteht die Vermutung, daß es sich um einen unerwarteten Verflüchtigungseffekt handelt. Dieser Umstand nötigt zu peinlicher Innehaltung der Arbeitsvorschrift.

Rhodan im Speichel

Bestimmungsform: Rotfärbung des Ferrirhodanids.

Literatur: C. Urbach, Biochem. Ztschr. **237**, 189 (1931).

Arbeitsvorschrift. 1 ccm Speichel wird in einem 10 ccm-Meßkölbchen mit 1 ccm Reißnerscher Lösung (siehe S. 109) versetzt, worauf man mit destilliertem Wasser zur Marke auffüllt. Der Ansatz ist vor direktem Sonnenlicht zu schützen und alsbald zu messen. Man benutzt weißes Licht und Filter SF 3 oder Quecksilberlicht und Filter QF 436.

Abgestimmte Schichthöhe. Man wendet die Versuchslösung in einer Schichthöhe von 9,93 mm (für SF 3) oder von 10,7 mm (für QF 436) an. Dann gibt jedes cm Graulösung einen Gehalt von 1 mg % (1 mg CNS' in 100 ccm Speichel) an.

Empfindlichkeit der Methode. Es lassen sich noch Gehalte von 0,2 mg % quantitativ messen, $^1/_{10}$ davon qualitativ mit Sicherheit feststellen.

Eine Erhöhung der Empfindlichkeit ist durch Vermehrung der verarbeiteten Substanzmenge erzielbar.

Anmerkung: Auf Harn ist die Methode nicht anwendbar.

Sexualhormone

Bestimmungsform: Färbungen, die bei der Reaktion der Hormone mit m-Dinitrobenzol und Kalilauge in alkoholischer Lösung entstehen.

Literatur: W. Zimmermann, Ztschr. f. physiol. Chem. **245**, 47 (1937).

Arbeitsvorschrift. Die folgenden Angaben gelten für die Hormone: a) Androsteron, b) Östron, c) Equilin, d) Testosteron. Die Färbungen von b und c sind identisch, die von a ist den ersteren sehr ähnlich (alle drei rotviolett), die Färbung von d ist anderer Art (braun). Die Farbstoffbildung ist in allen Fällen ein zeitlich fortschreitender Vorgang, der kein scharf definiertes Ende hat. Man muß daher die Farbentwicklung nach einer bestimmten Zeit als Norm annehmen und die Messung in bestimmter Zeit zu Ende führen.

Die Substanzprobe (die nur eines der Hormone enthalten darf und als Lösung 1 bis 2 ccm betragen soll) wird in einem 10 ccm-Meßkölbchen mit etwas abs. Alkohol, 2,5 ccm einer Lösung von 1,0 g reinstem (umkristallisiertem) m-Dinitrobenzol in 100 ccm abs. Alkohol (Meßkolben)[1]) sowie mit 2,5 ccm 3 n-Kalilauge vermischt und mit 75%igem Alkohol zur Marke aufgefüllt. Gleichzeitig setzt man eine Blindprobe aus 4 ccm 75%igem Alkohol, 2 ccm Dinitrobenzollösung, 2 ccm Kalilauge, mit 75%igem Alkohol zur Marke (10 ccm) aufgefüllt, an und behandelt sie genau so wie die Versuchslösung. Man stellt die Lösungen im Dunkeln sofort nach der Herstellung in einen auf 25° gehaltenen Thermostaten und beläßt sie darin bis genau 58 Minuten vom Zusatz der Lauge ab. Dann füllt man gleichzeitig Versuchslösung und Blindprobe in die Kolorimeterbecher und mißt gegen die Blindprobe als Kompensationslösung viermal, und zwar genau

[1]) Die Lösung ist, in brauner Flasche aufbewahrt, höchstens 14 Tage lang haltbar.

59, $59^1/_2$, 60 und $60^1/_2$ Minuten nach Zusatz der Lauge. Aus den Einzelmessungen wird das Mittel gebildet.

Man mißt bei a, b und c mit weißem Licht und Filter SF 6 oder mit Quecksilberlicht und Filter QF 546, bei d mit SF 4 oder QF 436.

Abgestimmte Schichthöhe. Man benutzt folgende Schichthöhen (für Versuchslösung und Kompensationslösung):

a) Androsteron	18,8 mm (SF 6);	22,2 mm (QF 546);
b) Östron c) Equilin	22,6 mm (SF 6);	23,6 mm (QF 546);
d) Testosteron	22,8 mm (SF 4);	14,6 mm (QF 436).

Dann zeigt 1 cm Graulösung einen Gehalt von 1 mg Hormon in der angewandten Substanzprobe an.

Empfindlichkeit der Methode. Es lassen sich in der Normalausführung etwa $^1/_3$ bis $^1/_2$ mg Hormon quantitativ bestimmen, $^1/_{10}$ davon sicher qualitativ nachweisen.

Stickstoff (Gesamtstickstoff) im Harn

Bestimmungsform: Umwandlung der Stickstoffverbindungen in Ammoniak (Ammoniumsalz) nach der Kjeldahlschen Methode und Ammoniakbestimmung durch die Färbung mit Nesslers Reagens (siehe S. 80)[1].

Literatur: Methode a: R. A. Cleghorn und L. Jendrassik, Biochem. Ztschr. **274**, 189 (1934). — Methode b: C. Urbach, Biochem. Ztschr. **252**, 292 (1932).

Methode a

Arbeitsvorschrift. Der Harn wird auf das Zehnfache verdünnt (Meßkolben). 2 ccm des verdünnten Harns werden in einem Jenaer Reagensglase mit 0,5 ccm 40%iger Schwefelsäure (reinstes Präparat) und 0,5 ccm 30%igem Hydroperoxyd (Perhydrol, kein Tropenpräparat!) vermischt und unter dem Abzuge mit kleiner Flamme zum Sieden erhitzt. Um das Stoßen zu verhüten, gibt man als Siedesteinchen ein erbsengroßes Stückchen Jenaer Glassintermasse hinzu (nach dem Auswaschen und vorsichtigen Ausglühen immer wieder verwendbar). Sobald Schwefelsäurenebel auftreten, wird mit noch kleinerer Flamme weitere 2 Minuten lang erhitzt. Man läßt dann erkalten, nimmt mit wenig Wasser auf und spült (samt Siedesteinchen) in einen 25 ccm-Meßkolben, den man mit ammoniakfreiem destillierten Wasser zur Marke auffüllt. Nach mehrfachem Umschütteln pipettiert man 1 ccm ab, verdünnt mit 9 ccm ammoniakfreiem, CO_2-freiem destillierten Wasser, neutralisiert (Lackmuspapier) mit 10%iger Natronlauge (ammoniakfrei und CO_2-frei, Kjeldahl-Lauge!), füllt auf 25 ccm auf (dest. W., NH_3-frei und CO_2-frei!) und filtriert durch ein trockenes dünnes Filter (Schleicher & Schüll, Nr. 581 oder 595). 20 ccm

---

[1]) Gehalte von mehr als etwa 3 g Natriumsulfat (Dekahydrat) in 100 ccm Lösung stören die Reaktion mit Nesslers Reagens. Bei allen Methoden mit Kjeldahl-Aufschluß ist daher eine Ausführungsform angegeben, bei der sich der Sulfatgehalt der Meßlösung unter der genannten Grenze hält.

des klaren Filtrats werden in ein 25 ccm-Meßkölbchen einpipettiert, mit 2,5 ccm Nesslerschem Reagens (siehe S. 81) versetzt und mit CO_2-freiem destillierten Wasser zur Marke aufgefüllt.

Obwohl alle Reagentien nur in Form reinster Präparate angewandt werden sollen, empfiehlt sich doch die Herstellung einer Blindprobe[1]) (mit destilliertem Wasser statt mit verdünntem Harn), die bei der Messung als Kompensationslösung dient (zugleich zur Ausschaltung der Eigenextinktion des Nesslerschen Reagens). Es wird nach einer Wartezeit von 10 Minuten mit Quecksilberlicht und Filter QF 436 gemessen.

Abgestimmte Schichthöhe. Versuchslösung und Kompensationslösung erhalten eine Schichthöhe von 12,3 mm. Dann zeigt jedes cm Graulösung einen Gehalt von $1^0/_0$ (Gesamt-) Stickstoff (1 g N in 100 ccm) im Harn an.

Empfindlichkeit der Methode. In der Normalausführung soll man nicht weniger als etwa 10 mm Graulösung (entsprechend der unteren Grenze des Normalgehaltes von $1^0/_0$ Gesamtstickstoff) erhalten. Nötigenfalls sind größere Mengen (oder konzentrierterer) Harn zu verarbeiten (das Ergebnis ist dann entsprechend zu dividieren).

Methode b

Arbeitsvorschrift. 1 ccm Harn wird mit 5 ccm konzentrierter Schwefelsäure, 5 g Kaliumsulfat und etwa 0,05 g Cerdioxyd in einem kleinen Kjehldahl-Kolben verascht. Das Verfahren ist dabei dem der Methode a gleich. Die Versuchsdauer beträgt etwa $^3/_4$ Stunden. Die erhaltene klare Lösung wird in einen Meßkolben von 1 Liter gespült, stark verdünnt und unter Kühlung mit carbonatfreier $33^0/_0$iger Natronlauge (Kjeldahl-Lauge) neutralisiert (Streifen Lackmuspapier im Kolben). Nach dem Auffüllen zur Marke wird zum Absetzen des Niederschlages eine Stunde lang stehen gelassen. 10 ccm der nunmehr klaren Flüssigkeit werden in

[1]) Zum mindesten bei erstmaliger Verwendung der benutzten Reagentien; erweisen sich diese als ammoniakfrei, so genügt in der Folge zur Kompensation eine Lösung von 2,5 ccm Nesslers Reagens in 25 ccm destilliertem Wasser.

einen 50 ccm-Meßkolben pipettiert, mit etwa 35 ccm CO_2-freiem destillierten Wasser und 5 ccm Nesslers Reagens versetzt und zur Marke aufgefüllt. Über die zur Messung zu benutzende Kompensationsflüssigkeit siehe die Methode a.

Man mißt nach 10 Minuten mit Quecksilberlicht und Filter QF 436.

Abgestimmte Schichthöhe. Versuchslösung und Kompensationslösung erhalten eine Schichthöhe von 15,75 mm. Dann geben die cm Graulösung die Prozente Stickstoff (Gesamtstickstoff), d. h. g N in 100 ccm Harn, an.

Empfindlichkeit der Methode. Die Angaben bei Methode a gelten auch hier.

Stickstoff (Reststickstoff) im Blut

Bestimmungsform: Ammoniakfärbung mit Nesslers Reagens nach vorhergehender „Veraschung" nach Kjeldahl, und zwar a) und b) ohne Destillation und c) mit Destillation des Ammoniaks.

Literatur: Methode a: R. A. Cleghorn und L. Jendrassik, Biochem. Ztschr. **274**, 189 (1934). — Methode b: C. Urbach, Biochem. Ztschr. **252**, 292 (1932). — Methode c: Siehe die Buchliteratur.

Methode a

Arbeitsvorschrift. 10 ccm Wolframsäureblutfiltrat (siehe die Vorschrift für die Enteiweißung, S. 210) = 1 ccm Blut werden auf dem Wasserbade bis auf etwa 1 ccm eingedampft, mit möglichst wenig destilliertem Wasser in ein Jenaer Reagensglas gespült und darin zunächst genau so behandelt, wie das auf S. 180 für 2 ccm verdünnten Harn angegeben ist. Nach dem Auffüllen des Kjeldahl-Rückstandes auf 25 ccm pipettiert man jedoch 10 ccm (statt nur 1 ccm) ab, neutralisiert mit $10^0/_0$iger Natronlauge und füllt auf 25 ccm auf. Die Filtration und Weiterbehandlung des Filtrats erfolgt genau wie bei der Bestimmung des Stickstoffes im Harn nach der Methode a, ebenso die Messung (mit Kompensation).

Abgestimmte Schichthöhe. Bei einer Schichthöhe von 24,6 mm (für QF 436) bedeuten die cm Graulösung Zehntel-Promille (Rest-) Stickstoff (je 0,01 g N in 100 ccm) im Blut.

Empfindlichkeit der Methode. In der Normalausführung findet man beim unteren Grenzwerte des Normalgehaltes etwa 20 mm Graulösung. Hier liegt auch ungefähr der niedrigste, ohne die bekannten Komplikationen (siehe S. 82f.) noch bestimmbare Wert. Findet man zu hohe Werte, so wiederholt man die Analyse mit entsprechend weniger Blutfiltrat.

Methode b

Arbeitsvorschrift. 5 ccm Oxalatblut oder zentrifugiertes Serum werden in einem Erlenmeyerkölbchen zu 20 ccm $10^0/_0$iger Trichloressigsäure (frisch bereitete Lösung) gegeben und durch Umschwenken vermischt. Man filtriert durch ein aschefreies Filter (Schleicher und Schüll, Nr. 589).

Zur Veraschung werden 15 ccm des klaren Filtrats auf dem Wasserbade bis auf etwa 2 ccm eingedampft, mit möglichst wenig destilliertem Wasser in ein Kjeldahlkölbchen gespült, hier mit 1,5 ccm konzentrierter Schwefelsäure, 0,3 g Kaliumsulfat und 10 mg Cerdioxyd vermischt und über der Bunsenflamme bis zu völliger Klärung gekocht. Als Siedesteinchen dient ein Stückchen Jenaer Glassintermasse. Nach Beendigung der Reaktion (d. h. nach 30 bis 35 Minuten) läßt man erkalten und spült in einen 100 ccm-Meßkolben über, in dem man unter energischem Kühlen mit Kjeldahllauge (33%iger Natronlauge) schwach alkalisch macht (Lackmuspapier). Man braucht etwa 5 ccm der Lauge. Schließlich wird mit destilliertem Wasser (ammoniak- und kohlensäurefrei) zur Marke aufgefüllt. Bei der nun folgenden Filtration durch ein aschefreies Filter (s. oben) werden die ersten 20 ccm verworfen.

Vom klaren Filtrat werden 35 ccm in einem 100 ccm-Meßkolben mit 50 ccm destilliertem Wasser verdünnt, mit 10 ccm Nesslers Reagens versetzt und zur Marke aufgefüllt.

Bezüglich der Kompensation richtet man sich nach der Vorschrift von S. 181.

Man mißt nach 10 Minuten mit Quecksilberlicht und Filter QF 436.

Abgestimmte Schichthöhe. Gibt man der Versuchslösung (und der Kompensationslösung) eine Schichthöhe von 30,0 mm, so entspricht jedes cm Graulösung einem Gehalte von 1 Zehntel-Promille Reststickstoff (0,01 g N in 100 ccm).

Empfindlichkeit der Methode. Es gelten die bei der Methode a gemachten Aufgaben.

Methode c

Arbeitsvorschrift. Diese Methode verwendet die Destillation des Ammoniaks aus dem veraschten Material und wird dadurch frei von möglichen Störungen durch Begleitsubstanzen.[1])

---

[1]) Man beachte den Inhalt der Fußnote 3) auf S. 81.

5 ccm Wolframsäureblutfiltrat (= 0,5 ccm Blut) werden in einem kleinen Kjeldahlkolben mit 1 ccm „Kupferschwefelsäure" (konzentrierter Schwefelsäure, der man auf 75 ccm einen Zusatz von 1 ccm einer 20%igen Kupfersulfatlösung gegeben hat) erhitzt. Im Verlaufe der „Veraschung" wird die Flüssigkeit, die sich anfangs bräunlich färbt, klar und schwach grün (etwa 10 Minuten Reaktionszeit). Nach dem Abkühlen verdünnt man mit etwa 30 ccm destilliertem Wasser, gibt ein Körnchen reines Zink hinzu (als Siedeerleichterer), läßt durch einen Trichter mit langem Rohr 6 ccm 33%ige Natronlauge (Kjeldahllauge) auf den Boden des Kolbens fließen und destilliert durch einen Schlangenkühler in eine Vorlage mit 10 ccm 0,01 n-Schwefelsäure, wobei das Kühlrohrende in die Schwefelsäure eintauchen soll. Nach 15 Minuten senkt man die Vorlage so weit, daß das Kühlrohrende frei wird, und destilliert noch eine Minute weiter.

Den Inhalt der Vorlage spült man in einen 50 ccm-Meßkolben, neutralisiert mit 1 ccm 0,1 n-NaOH (carbonatfrei!), verdünnt mit CO_2-freiem destillierten Wasser auf etwa 40 ccm, fügt 5 ccm Nesslers Reagens zu und füllt mit CO_2-freiem destillierten Wasser zur Marke auf. Hinsichtlich der Kompensationslösung (Blindansatz) verfährt man nach der Vorschrift von S. 181.

Die Messung erfolgt nach einer Wartezeit von 10 Minuten mit Quecksilberlicht und Filter QF 436.

Abgestimmte Schichthöhe. Man verwendet eine Schichthöhe von 31,5 mm und findet je 1 cm Graulösung für je 1 Zehntel-Promille Reststickstoff (0,01 g N in 100 ccm Blut).

Anmerkung. Will man nur kleinere Mengen Blut verwenden, so enteiweißt man z. B. 0,2 ccm Blut, das man in 3,4 ccm destilliertes Wasser, in einem Zentrifugenglase befindlich, auslaufen läßt (Ausspülen der Pipette mit der verdünnten Blutlösung), durch Zusatz von 0,2 ccm 10%iger Natriumwolframatlösung und 0,2 ccm $^2/_3$ n-Schwefelsäure, läßt unter Umschütteln einige Minuten stehen und zentrifugiert scharf 10 Minuten lang. Die klare Flüssigkeit wird durch ein ganz kleines Filter filtriert. 2,0 ccm Filtrat (= 0,10 ccm Blut) werden verascht, wie oben angegeben, und der Destillation unterworfen. Überall wird dabei die halbe Menge der Reagentien angewandt.

Die schwefelsaure Ammonsalzlösung wird schließlich in einen 10 ccm-Meßkolben gespült, mit 0,5 ccm 0,1 n-NaOH neutralisiert, mit CO_2-freiem destillierten Wasser verdünnt, mit 1 ccm Nesslers Reagens versetzt und zur Marke aufgefüllt.

Die Messung erfolgt genau wie bei dem Verfahren mit der größeren Menge Blut; auch die abgestimmte Schichthöhe und die Auswertung der Graulösungsschichthöhen ist die gleiche.

Traubenzucker im Blut (Blutzucker)

Bestimmungsform: a) Braunfärbung von Pikrinsäure durch Bildung von Pikraminsäure. b) Blaufärbung durch Bildung von Molybdänblau aus Molybdänsäure. c) Blaufärbung durch Bildung von Berliner Blau aus Ferricyanid und Ferrisalz.

Literatur: Methode a: W. Thiel, Münch. med. Wochenschr. **79**, 1758 (1932). — Methode b: C. Urbach, Biochem. Ztschr. **265**, 390 (1932). — Methode c: W. Neuweiler, Z. f. ges. exp. Med. **90**, 534 (1933).

Methode a

Arbeitsvorschrift.

Vorbemerkung: Die Gültigkeit des Beerschen Gesetzes für die braune Färbung aus Traubenzucker und Pikrinsäure beginnt erst bei einem gewissen Minimalgehalte von Traubenzucker, der bei etwa 3 mg in 100 ccm der zu messenden Versuchslösung liegt. Aus diesem Grunde setzt man der zu untersuchenden Substanz (dem Blut) von vornherein eine bestimmte, bekannte Menge Traubenzucker zu, um mit Sicherheit in den Geltungsbereich des Beerschen Gesetzes zu gelangen[1]). Dieser „Vorspann" wird natürlich bei der Ablesung an der Graulösungsskala vorweg abgezogen.

Vorspannlösung: Zur Herstellung der Vorspannlösung wird reinster Traubenzucker (Hydrat) im Vakuumexsikkator über konzentrierter Schwefelsäure 2 Tage lang getrocknet. 1,0000 g des wasserfreien Präparates löst man in 0,3%iger Benzoesäurelösung zu 1000 ccm (Meßkolben). Die gebrauchsfertige Lösung erhält man durch Verdünnung von 20 ccm der vorstehenden Lösung zu 100 ccm mit destilliertem Wasser (im Meßkolben).

---

[1]) Die — ohne Begründung durch eigene Erfahrungen — geäußerten Bedenken von W. Neuweiler [Z. f. ges. exp. Med. **90**, 535 (1933)] gegen die Gültigkeit des Beerschen Gesetzes sind völlig unberechtigt, wie eine besondere Prüfung gezeigt hat.

Ausführung: 0,2 ccm Blut werden in ein Zentrifugengläschen eingeblasen, in dem sich bereits genau 1,0 ccm Vorspannlösung befindet. Die Blutpipette wird durch mehrfaches Ansaugen und Wiederausblasen der Blutlösung gut ausgespült, wobei die Blutlösung homogen vermischt wird. Dann fügt man (zugleich zur Enteiweißung) 1,0 ccm einer 1,2%igen wässerigen Pikrinsäurelösung hinzu, rührt gut um und schleudert 10 Minuten mit 3500 Umdrehungen in der Minute.

Die überstehende klare Lösung gießt man in ein Röhrchen, in dem sich bereits 0,1 ccm 10%ige Natronlauge befinden. Der Bodensatz im Schleuderglase wird dreimal mit je 0,5 ccm destilliertem Wasser gewaschen (unter jedesmaligem Abschleudern); die Waschwässer werden mit der Hauptmenge der Lösung im Röhrchen vereinigt (Gesamtvolumen etwa 3 ccm). Das Röhrchen stellt man 2 Minuten lang in ein kochendes Wasserbad, kühlt in fließendem Wasser ab und spült den Inhalt quantitativ in ein 10 ccm-Meßkölbchen, das hierauf mit destilliertem Wasser zur Marke aufgefüllt wird.

Innerhalb der nächsten Stunde wird mit weißem Licht und Filter SF 6 oder mit Quecksilberlicht und Filter QF 546 gemessen. Kompensation ist überflüssig, da die Pikratlösung in diesem Spektralgebiete keine merkliche Absorption besitzt.

Abgestimmte Schichthöhe. Die Versuchslösung wird in einer Schichthöhe von 36,7 mm (für SF 6) oder von 49,5 mm (für QF 546) angewandt. Von der abgelesenen Graulösungsschichthöhe werden 10 mm (für den Vorspann) vorweg abgezogen. Von der verbliebenen Resthöhe bedeutet jedes cm einen Gehalt von 1 Promille Blutzucker (0,1 g Zucker in 100 ccm Blut). Ist man genötigt, einen Bruchteil der abgestimmten Schichthöhe zu verwenden, so muß man natürlich auch einen entsprechenden Bruchteil der Normalhöhe für den Vorspann abziehen, d. h. also bei Halbierung der abgestimmten Schichthöhe 5 mm Graulösung, bei Viertelung 2,5 mm Graulösung usw. Der Restbetrag (in cm) wird dann, wie üblich, verdoppelt, vervierfacht usw., um die Promille Zucker im Blut zu finden.

Empfindlichkeit der Methode. In der Normalausführung lassen sich noch Beträge von ca. 1 Promille Zucker quantitativ messen, $^1/_{10}$ davon mit Sicherheit qualitativ nachweisen.

Methode b

Reagenslösungen. Zur Durchführung der Methode werden drei besondere Reagenslösungen benötigt. Es sind das

1. Die Enteiweißungslösung. 10 g reine Molybdänsäure (Anhydrid) werden 5 Minuten lang mit 50 ccm n-Natronlauge gekocht und filtriert. Das Filter wird mit 150 ccm heißem destillierten Wasser nachgewaschen. Nach dem Abkühlen fügt man eine Lösung von 80 g Natriumwolframat in 600 ccm destilliertem Wasser hinzu und füllt die Mischung mit destilliertem Wasser auf 1000 ccm auf.

2. Das Kupferreagens. 15 g wasserfreies Natriumcarbonat, 3 g Alanin und 2 g Seignettesalz werden in 350 ccm destilliertem Wasser gelöst. In 75 ccm destilliertem Wasser löst man ferner für sich 3 g Kupfervitriol und gibt diese Lösung unter Rühren zu der ersterwähnten Lösung. Die Mischung wird auf 500 ccm aufgefüllt. Sie ist kühl aufzubewahren und dann 6 bis 8 Wochen lang brauchbar.

3. Das Farbreagens. 150 g reine, ammoniakfreie Molybdänsäure (Anhydrid) und 75 g wasserfreies Natriumcarbonat werden in einem großen Kolben mit 500 ccm destilliertem Wasser übergossen, umgerührt und unter Rühren zum Sieden erhitzt. Man filtriert dann in einen Meßzylinder von 1000 ccm und wäscht den Filterrückstand mit so viel destilliertem Wasser aus, daß das Filtrat auf 600 ccm kommt. Dann gibt man unter Kühlen langsam 300 ccm 85%ige Phosphorsäure hinzu und füllt mit destilliertem Wasser auf 1 Liter auf.

Arbeitsvorschrift. Die Enteiweißungslösung wird zum Gebrauche verdünnt: 1 ccm wird mit 30 ccm destilliertem Wasser und 1 ccm 0,62 n-Schwefelsäure vermischt und auf 50 ccm aufgefüllt. Diese Mischung ist alle 3 Tage zu erneuern.

In ein Zentrifugenglas, das 5 ccm verdünnte Enteiweißungslösung enthält, bläst man 0,1 ccm Blut und spült die Blutpipette mit der Mischung gut aus. Nach dem Vermischen durch Umschwenken wird zentrifugiert.

2 ccm des klaren Zentrifugats werden in eine Folinsche Zuckerröhre (mit eingeschliffenem Glasstopfen) pipettiert und mit 1 ccm Kupferreagens und 2 Tropfen 1%iger Natriumbisulfitlösung

(in brauner Flasche aufzubewahren) vermischt. Dann wird genau 5 Minuten im siedenden Wasserbade erhitzt (mit aufgesetztem Stopfen, der nur zu Beginn des Erhitzens kurz zu lüften ist). Nach dem Abkühlen werden 5 ccm Farbreagens zugefügt, worauf man das Röhrchen sofort wieder verschließt und den Inhalt durch Umschwenken gut vermischt. Man spült quantitativ in ein 10 ccm-Meßkölbchen und füllt mit destilliertem Wasser zur Marke auf.

Man mißt mit weißem Licht und Filter SF 9 oder mit Quecksilberlicht und Filter QF 579.

Abgestimmte Schichthöhe. Man gibt der Versuchslösung eine Schichthöhe von 19,7 mm (für SF 9) oder von 24,4 mm (für QF 579). Dann zeigt jedes cm Graulösung einen Zuckergehalt von 1 Promille (0,1 g Zucker in 100 ccm Blut) an.

Empfindlichkeit der Methode. In der Normalausführung lassen sich Gehalte von ca. $^1/_2$ Promille Zucker quantitativ messen, $^1/_{10}$ davon mit Sicherheit qualitativ nachweisen. Eine Erhöhung der Empfindlichkeit ist durch Vermehrung der verarbeiteten Blutmenge erzielbar.

Methode c

Notwendige Reagentien.

1. Enteiweißungslösung: 20 ccm 10%ige Natriumwolframatlösung werden mit Wasser auf etwa 500 ccm verdünnt, mit 20 ccm $^2/_3$ n-Schwefelsäure vermischt und auf 1 Liter aufgefüllt. Man fügt der Lösung einige Tropfen Toluol zu.

2. Cyanid-Carbonatlösung: 8 g wasserfreies Natriumcarbonat werden in Wasser gelöst, mit 150 ccm einer 1%igen Natriumcyanidlösung vermischt und auf 500 ccm aufgefüllt.

3. Ferrisulfat-Phosphatlösung: Man mischt 1 Gewichtsteil pulverisiertes Gummi arabicum (D.A.B. 6) mit 2 Gewichtsteilen Wasser, schüttelt gut und läßt bis zur Klärung stehen. 60 ccm einer solchen Gummilösung werden mit etwa 500 ccm destilliertem Wasser verdünnt. Zu ihr gibt man dann eine kalte Lösung von 5 g Ferrisulfat (Enneahydrat), in 100 ccm destilliertem Wasser + 75 ccm Phosphorsäure ($d = 1{,}70$) unter Erwärmen gelöst, und füllt die Mischung auf 1000 ccm auf. Die Lösung ist im Eisschrank aufzubewahren.

Arbeitsvorschrift. In 10 ccm der Enteiweißungslösung bläst man 0,1 ccm Blut und spült die Pipette durch mehrfaches Aufsaugen und Wiederausblasen der verdünnten Lösung gut aus. Nach einigem Stehen wird scharf zentrifugiert. Von der überstehenden klaren Flüssigkeit pipettiert man 1 ccm in ein 20 ccm-Meßkölbchen, gibt 3 ccm destilliertes Wasser, 1 ccm einer 0,2%igen Lösung von reinstem Ferricyankalium sowie 1 ccm der Cyanid-Carbonatlösung hinzu und mischt gut durch. Gleichzeitig bereitet man einen Blindansatz mit 1 ccm destilliertem Wasser statt Blutzentrifugat. Versuchslösung und Blindansatz bringt man für 8 Minuten in ein siedendes Wasserbad, kühlt rasch ab, fügt zu beiden je 3 ccm der Ferrisulfat-Phosphatlösung und füllt nach 5 Minuten mit destilliertem Wasser zur Marke auf.

Die Blindprobe soll nur grünlich-gelb sein, während die Versuchslösung durch kolloides Berlinerblau tiefblau gefärbt ist. Das Gummi arabicum dient als Schutzkolloid. Man mißt mit weißem Licht und Filter SF 10 oder mit Quecksilberlicht und Filter QF 579.

Abgestimmte Schichthöhe. Versuchslösung und Blindansatz werden in Schichthöhen von je 26,8 mm (für SF 10) oder von 38,0 mm (für QF 579) angewandt. Jedes cm Graulösung gibt dann einen Gehalt von 1 Promille Blutzucker (0,1 g in 100 ccm Blut) an.

Empfindlichkeit der Methode. In der Normalausführung lassen sich noch Gehalte von etwa $^1/_3$ Promille Traubenzucker quantitativ messen, $^1/_{10}$ davon mit Sicherheit qualitativ nachweisen. Eine größere Empfindlichkeit läßt sich durch Verarbeitung größerer Mengen Enteiweißungszentrifugat erzielen.

Urobilin im Harn

Bestimmungsform: Rotviolette Färbung, durch Kuppelung von Urobilinogen (reduziertem Urobilin) mit Dimethylaminobenzaldehyd in stark salzsaurer Lösung erhalten.

Literatur: L. Heilmeyer und W. Krebs, Biochem. Ztschr. **231**, 393 (1931).

Arbeitsvorschrift. 100 ccm Harn werden zuerst mit 25 ccm einer frisch bereiteten 16%igen Lösung von Mohrschem Salz und dann mit 25 ccm einer 12%igen Natronlauge vermischt, gut durchgeschüttelt und in einem Gefäße, das nicht viel mehr als 150 ccm faßt (Kolben, Flasche oder Zylinder), also von der Mischung fast ganz ausgefüllt wird, gut verschlossen 6 Stunden lang im Dunkeln aufbewahrt. Hierauf wird durch ein Faltenfilter in eine braune Flasche filtriert.

50 ccm des Filtrats werden in einen Schütteltrichter gebracht, mit 20 ccm Eisessig und 40 ccm Äther versetzt und energisch und anhaltend (etwa 100mal) durchgeschüttelt. Die wässerige Phase wird abgelassen, der Äther noch zweimal mit wenig Wasser ausgeschüttelt (gewaschen). 25 ccm der ätherischen Lösung[1]) werden in einem anderen (kleineren) Schütteltrichter mit einer Messerspitze Dimethylaminobenzaldehyd und 10 Tropfen konzentrierter Salzsäure $1^1/_2$ Minuten lang gut durchgeschüttelt. Hierauf gibt man wenig Wasser und 3 ccm einer gesättigten Lösung von chemisch reinem Natriumacetat hinzu, schüttelt nochmals kräftig (etwa 50mal) durch und läßt absitzen. Die untere, wässerige Lösung, die vom Farbstoff violett gefärbt ist, läßt man in ein 10 ccm-Meßkölbchen ab, wäscht den Äther noch zweimal mit wenig Wasser und läßt die Waschwässer ebenfalls in das Meßkölbchen laufen. Ist der Äther sehr stark gefärbt gewesen, so ist es ratsam, vor dem Waschen mit Wasser nochmals 5 Tropfen konzentrierte Salzsäure und etwas Reagens zuzugeben, ca. $1^1/_2$ Minuten lang zu schütteln,

[1]) Ihr Volumen beträgt jetzt noch 36 ccm.

mit wenig Wasser und 1,5 ccm Natriumacetatlösung auszuschütteln und die wässerige Lösung ebenfalls in den Meßkolben abzulassen.

Nachdem man den Meßkolben mit destilliertem Wasser zur Marke aufgefüllt hat, wird sogleich gemessen. Man benutzt weißes Licht und Filter SF 6 oder Quecksilberlicht und Filter QF 546.

Abgestimmte Schichthöhe. Die Versuchslösung erhält eine Schichthöhe von 7,12 mm (für SF 6) oder von 6,61 mm (für QF 546). Dann zeigt jedes cm Graulösung einen Gehalt von 1 mg Urobilin in 100 ccm Harn an. Bei urobilinarmen Harnen muß man ein Mehrfaches der abgestimmten Schichtdicke anwenden.

Empfindlichkeit der Methode. In der Normalausführung lassen sich noch Gehalte von ca. 0,2 mg in 100 ccm quantitativ messen und $^1/_{10}$ davon sicher qualitativ nachweisen.

Urobilin im Stuhl

Bestimmungsform: Wie bei Urobilin im Harn.

Literatur: Wie bei Urobilin im Harn.

Arbeitsvorschrift. 5 g des gut durchgemischten Stuhles werden im Mörser mit 50 ccm destilliertem Wasser gut verrührt und unter Weiterrühren mit 50 ccm einer frisch bereiteten 16%igen Lösung von Mohrschem Salz und 50 ccm 12%iger Natronlauge vermischt. Diese Mischung wird in einem gut verschließbaren Gefäß (von demselben Fassungsvermögen wie beim Harn) 6 Stunden lang im Dunkeln aufbewahrt und dann in der gleichen Weise filtriert. Vom Filtrat werden 4 ccm mit 2 ccm Eisessig und 20 ccm Äther 100mal durchgeschüttelt. Weiterbehandlung des ätherischen Extraktes wie beim Harn.

Man verarbeitet in der angegebenen Weise 10 ccm des Extraktes in Äther und erhält am Schlusse ebenfalls 10 ccm Lösung für die Messung.

Die Messung erfolgt genau nach der Vorschrift der Messung bei der Bestimmung von Urobilin im Harn.

Abgestimmte Schichthöhe. Die Versuchslösung erhält eine Schichthöhe von 25,5 mm (für SF 6) oder von 23,7 mm (für QF 546). Dann zeigt jedes cm Graulösung einen Gehalt von 0,1 g Urobilin in 100 g Stuhl (also 1 Promille Urobilin) an.

Empfindlichkeit der Methode. In der Normalausführung lassen sich noch Gehalte von ca. $^1/_2$ Promille quantitativ bestimmen, $^1/_{10}$ davon sicher qualitativ nachweisen.

Vitamin A

Bestimmungsform: Blaufärbung (unbeständig!) mit Antimontrichlorid in wasserfreier Chloroformlösung.

Literatur: F. H. Carr und E. A. Price, Biochem. J. **20**, 497 (1926); siehe auch die kritische Übersicht von K. Ritsert, E. Mercks Jahresbericht **1935**, S. 19; F. Gstirner, Chemische Vitaminbestimmungs-Methoden, Enke, Stuttgart 1939 (auch für die Bestimmung der anderen Vitamine).

Vorbemerkung. Die Einheit für die Angabe von Vitamin A-Gehalten in Ölen (Lebertran usw.) ist international festgelegt: 1 I.E. (Internationale Einheit) entspricht (biologisch) 0,6 γ kristallisiertem β-Carotin[1]). Die im folgenden niedergelegte Gehaltsbestimmung beruht auf Eichversuchen mit Verdünnungen von Merckschem Originalpräparat „Vogan", dessen Vitamingehalt zu 120000 I.E. im ccm angegeben und als Grundlage angenommen ist[2]).

---

[1]) R. Ammon und W. Dirscherl, Fermente, Hormone, Vitamine. Leipzig, Thieme, 1938, S. 331.

[2]) Der „Blauwert" eines Präparates von Vitamin A ist kein absolutes Maß für die biologische Wirksamkeit, die nur im Tierversuch festgestellt werden kann. Sicherer, aber auch nicht vollkommen sicher, ist die Extinktion im Ultraviolett, wo Vitamin A (bei 328 mμ) eine charakteristische Absorptionsbande besitzt. Da einerseits auch biologisch minderwertige Begleitstoffe einen Blauwert ergeben und anderseits der Blauwert biologisch wirksamer Stoffe von der besonderen Bindungsform, in der sie sich befinden, abhängt, besteht keine allgemeine Deckung zwischen biologischer Wirksamkeit und Blauwert bei beliebigen Vitaminpräparaten. Die Bestimmung von I. E. auf Grund des Blauwertes kann also nur mit dem hier gemachten Vorbehalt geschehen. Sie hat daher im wesentlichen nur die Bedeutung, daß man in einem und demselben Präparat den Vitamingehalt (auf Konstanz oder zeitliche Abnahme) nachprüfen kann. Ob sich auf der Grundlage der von O. Notevarp und H. W. Weedon angegebenen Methode [Biochem. J. **32**, 1054; 1668 (1938)], bei der ein mit etwas Brom partiell oxydiertes Antimonchlorür angewandt wird, eine absolutkolorimetrische Wertbestimmung für beliebiges Vitamin A-Material ausarbeiten läßt, bleibt noch abzuwarten.

Arbeitsvorschrift.

1. Wasserfreies Chloroform. Chloroform (D.A.B. 6) wird durch dreimaliges gründliches Schütteln mit einem gleichen Volumen Wasser gewaschen und dann über geglühter Pottasche getrocknet.

Man destilliert dann, wobei die ersten 10%, die noch trübe ablaufen, verworfen werden. Beim Trocknen und beim Destillieren ist das Chloroform vor Tageslicht zu schützen.

2. Lösung von Antimontrichlorid. Antimontrichlorid (reine Handelssorte, zweckmäßig über Schwefelsäure getrocknet) wird mit wasserfreiem Chloroform gewaschen, bis die Flüssigkeit klar abläuft. Am besten kristallisiert man das Präparat aus Chloroform (250 g aus 100 ccm) unter Erhitzen rasch um, saugt nach kurzem Stehen in der Kälte kurz ab und trocknet im Vakuumexsikkator über Schwefelsäure. Man bereitet aus dem gereinigten Präparat eine bei 20° gesättigte Lösung, die 21 bis 23 Gew.-% enthält.

3. Aufbewahrung der Reagentien. Chloroform und Antimontrichloridlösung werden in gut verstöpselten braunen Flaschen im Dunkeln aufbewahrt. Den Hauptvorrat der Reagenslösung beläßt man in einer großen Standflasche. Für den laufenden Verbrauch füllt man sich „Portionsflaschen" von 100 ccm Inhalt ab. Auf alle Fälle hat man der Fernhaltung von Feuchtigkeit besondere Sorgfalt zu widmen.

4. Durchführung der Messung. Die Substanz (Lebertran usw.) wird in angemessener Weise — etwa nach dem Ergebnis eines Vorversuches — auf ein bestimmtes Vielfaches (Lebertran auf das Zehnfache, reichere Öle auf das Hundertfache oder mehr, Vogan auf das Tausendfache) mit wasserfreiem Chloroform verdünnt.

0,5 ccm der verdünnten Lösung werden direkt im Kolorimeterbecher (bei bereits eingestellter abgestimmter Schichthöhe) mit 9,5 ccm Reagenslösung (die rasch aus einem Meßzylinder ausgegossen wird) vermischt und schnell mit einem Stäbchen (Drahte) umgerührt. Zur Durchführung der Bestimmung sind zwei Personen nötig, von denen die eine das Mischen besorgt, während die andere die optische Messung vornimmt. 3 Sekunden nach Zugabe des Reagens wird die erste Einstellung vorgenommen. Man verfolgt den Verlauf der Farbentwicklung und des beginnenden Abblassens und nimmt den Augenblick der größten Extinktion (zwischen 5 und 10 Sekunden liegend) als maßgebend für den richtigen Farbwert. Im Zweifelsfalle wiederholt man die Messung mit bereits vorher eingestellter Graulösungsschichthöhe entsprechend dem Ergebnis des Vorversuches. Als Gegenlösung kann Wasser benutzt werden.

Die Messung erfolgt mit weißem Licht und Filter SF 10.

Abgestimmte Schichthöhe. Man stellt eine Versuchslösungsschichthöhe von 56,4 mm ein. Dann entspricht eine Graulösungsschichthöhe von 1 cm einem Gehalte von 25000 I. E. im ccm bei einer Verdünnung von 1 : 1000, von 2500 I. E. im ccm bei einer Verdünnung von 1 : 100 und von 250 I. E. im ccm bei einer Verdünnung von 1 : 10.

Vitamin B_1

Bestimmungsform: Rotfärbung durch Bildung eines Kupelungsproduktes mit diazotierter Sulfanilsäure.

Literatur: H. W. Kinnersley und R. A. Peters, Biochem. J. **28**, 667 (1934).

Arbeitsvorschrift.

1. Reagentien:

a) Diazoreagens: 4,5 g Sulfanilsäure werden in 45 ccm konzentrierter Salzsäure gelöst und mit destilliertem Wasser auf 500 ccm aufgefüllt. Ferner werden 22,5 g reines Natriumnitrit in destilliertem Wasser zu 500 ccm gelöst. Je 1,5 ccm dieser beiden Lösungen werden unter Eiskühlung in einem 50 ccm-Meßkolben gemischt. Nach 5 Minuten fügt man weitere 6 ccm Nitritlösung hinzu, läßt nochmals 5 Minuten im Eis stehen und füllt mit destilliertem Wasser zur Marke auf. Nach 15 Minuten ist die Lösung gebrauchsfertig (Diazoreagens). Sie soll jeden Tag frisch angesetzt werden.

b) Carbonatlösung: 100 ccm n-Natronlauge und eine wässerige Lösung von 5,76 g Natriumbicarbonat in 100 ccm werden vermischt.

2. Versuchsdurchführung: Die Substanz, die nicht mehr als 2 mg Vitamin enthalten soll, wird als Lösung von nicht mehr als 5 ccm Volumen angewandt.

In einen Meßkolben von 50 ccm bringt man 12 ccm Diazoreagens, 30 ccm Carbonatlösung, 0,7 ccm 40%ige Formaldehydlösung (Formalin) und sofort hinterher die Substanzlösung (unter Nachspülen), worauf mit destilliertem Wasser zur Marke aufgefüllt wird.

Nach einer Stunde wird mit weißem Licht und Filter SF 4 gemessen.

Abgestimmte Schichthöhe. Man stellt auf der Versuchslösungsseite eine Schichthöhe von 15,14 mm ein. Dann geben die cm Graulösung, durch 2 dividiert, die mg Vitamin B_1 in der angewandten Substanz an.

Empfindlichkeit der Methode. Da man mit 50 ccm Versuchslösung ca. 250 mm Schichtlänge herstellen kann, lassen sich Mengen von ca. 30 γ Vitamin quantitativ bestimmen, $^1/_{10}$ davon mit Sicherheit qualitativ nachweisen.

Vitamin C (Ascorbinsäure)

Bestimmungsform: Messung der Ausbleichwirkung auf Methylenblau bei Belichtung (Reduktion).

Literatur: H. Wahren, Klin. Wochenschr. **16**, 1496 (1937).

Vorbemerkung. Die Ausbleichwirkung im Lichte wird nach dem auf S. 120 erläuterten Verfahren der Überkompensation durch die Blindprobe gemessen, d. h. man schaltet die Graulösung in Serie zur Versuchslösung und bestimmt deren Extinktionsverlust gegenüber der Blindlösung.

Da sich Methylenblau nur sehr beschränkt in Wasser löst (die Auflösung erfordert auch recht lange Zeit), lassen sich nur sehr verdünnte Methylenblaulösungen herstellen und daher auch nur kleine Vitaminkonzentrationen messen. Diese Sachlage bedeutet einen Nachteil des Meßverfahrens zur Bestimmung von Vitamin C. Von der benutzten Methylenblaulösung (die im Liter nur ca. 6 mg Farbstoff enthält) werden 5 ccm, d. h. die Menge, die man bei der Herstellung des Ansatzes benutzt, durch nur 33 γ Vitamin C vollkommen entfärbt, was einem Molverhältnis von 2 Ascorbinsäure zu 1 Methylenblau entspricht.

Arbeitsvorschrift. Die Substanz, die nicht mehr als 30 γ Vitamin C enthalten darf, wird in einem Meßkölbchen von 10 ccm Inhalt mit 5 ccm einer Methylenblaulösung [29,0 mg Methylenblau (Methylenblau-chlorhydrat, Merck, zur Analyse) in 5 Liter destilliertem Wasser gelöst] vermischt und mit destilliertem Wasser aufgefüllt. Ein Blindansatz mit destilliertem Wasser statt Substanzlösung wird gleichzeitig bereitet. Die Versuchslösung und die Blindlösung kommen nebeneinander in die obere Stufe des Kolorimeters, in die untere Stufe unter die Blindlösung Wasser und unter die Versuchslösung die Graulösung[1]). Man gibt der Versuchslösung

[1]) Bei der Benutzung der Graukeileinrichtung befindet sich diese über der Versuchslösung.

und der Blindlösung eine gleiche (abgestimmte) Schichthöhe und strahlt beide Lösungen gleichmäßig aus 7 bis 8 cm Abstand mit einer 200 Watt-Metallfadenlampe an. Während der Belichtung wird etwa alle Minuten rasch durch Einschalten von Graulösung festgestellt, bei welcher Graulösungshöhe gleiche Helligkeit auf beiden Seiten herrscht.

Bei der Messung, die mit weißem Licht und Filter SF 10 erfolgt, wird die Bestrahlungslampe kurz ausgeschaltet. Blendung des Auges vor der Messung ist zu vermeiden; man schützt sich durch einen in geeigneter Weise angebrachten Schirm. Nach etwa 6 Minuten ist die Photoreaktion zu Ende, und die Graulösungsschichthöhe hat ihren Maximalwert erreicht. Dieser bildet das Meßergebnis.

Abgestimmte Schichthöhe. Man gibt der Versuchslösung (und der Blindlösung) eine Schichthöhe von 47,0 mm. Dann entspricht jedes mm Graulösung einer Menge von 1,5 γ Vitamin C in der angewandten Substanz.

Empfindlichkeit der Methode. Es lassen sich noch Mengen von 10 bis 15 γ Vitamin C quantitativ messen und $^1/_{10}$ davon qualitativ sicher nachweisen.

Arbeitsvorschrift für die Bestimmung von Vitamin C im Blutserum. 7,5 ccm Serum werden zur Eiweißfällung mit 1,5 ccm einer 25%igen Lösung von Sulfosalicylsäure vermischt, umgeschüttelt und 15 Minuten lang verstopft stehen gelassen. Dann wird scharf zentrifugiert. Wenn man nach 20 bis 25 Minuten noch keine Klärung erzielt hat, wird nach Zusatz eines Tropfens Octylalkohol weiter zentrifugiert.

5 ccm der überstehenden klaren Flüssigkeit werden als Substanzlösung nach der oben gegebenen Vorschrift behandelt. Die abgestimmte Schichthöhe ist hier 16,9 mm.

Dann bedeutet 1 mm Graulösung einen Gehalt von 0,1 mg %, d. h. von 0,1 mg in 100 ccm Serum. Da sich somit in dieser Normalausführung eigentlich nur Gehalte von 1 mg % an aufwärts quantitativ messen lassen, bei etwas geringeren Ansprüchen an die Genauigkeit (zugelassener Fehler: 5%) noch Gehalte von 0,2 mg %, wird man im allgemeinen mit verdreifachter Schichthöhe, also mit 50,7 mm, arbeiten und kommt dann auf eine untere Meßgrenze von normal $^1/_3$ mg $^0/_0$ und allenfalls (mit 5$^0/_0$ Fehler) auf 0,07 mg $^0/_0$. Damit hat man dann allerdings die untere Grenze der beobachteten Normalwerte beim Menschen erreicht.

Bei 50,7 mm Schichthöhe zeigt jedes mm Graulösung natürlich 0,033 mg $^0/_0$ = $^1/_{30}$ mg $^0/_0$ an.

Vitamin D ($D_2 + D_3$)

Bestimmungsform: Orangegelbe Färbung mit Antimontrichlorid in absolutem Chloroform (identisch für beide Vitamine).

Literatur: H. Brockmann und Yun Hwang Chen, Ztschr. f. physiol. Chem. **241**, 129 (1936).

Arbeitsvorschrift. Die Substanz, deren Gehalt an Vitamin D nicht über 0,6 mg betragen soll, wird in absolutem Chloroform (über dessen Herstellung siehe S. 196) zu etwa 3 ccm gelöst, nötigenfalls filtriert (das Filter mit Chloroform ausgewaschen) und quantitativ in ein 10 ccm-Meßkölbchen gebracht. Dort versetzt man sie mit 4 ccm einer kalt gesättigten Lösung von Antimontrichlorid in absolutem Chloroform (siehe S. 196). Nach 10 Minuten wird zur Marke (mit Chloroform) aufgefüllt und sogleich gemessen. Die Färbung ist etwa eine halbe Stunde lang beständig. Fehler können durch die an der (feuchten) Luft allmählich eintretende Trübung der Lösung infolge der Hydrolyse des Antimontrichlorids entstehen.

Die Messung erfolgt mit weißem Licht und Filter SF 4 oder SF 5.

Abgestimmte Schichthöhe. Die Versuchslösung erhält eine Schichthöhe von 43,3 mm (für SF 4) oder von 48,9 mm (für SF 5). Dann zeigt 1 mm Graulösung einen Gehalt von 20 γ Vitamin D in der angewandten Substanz an.

Empfindlichkeit der Methode. Es lassen sich noch Mengen von 0,2 mg quantitativ bestimmen, $^1/_{10}$ davon mit Sicherheit qualitativ nachweisen.

NACHTRÄGE

ANHANG

Behandlung von Blut und anderen Körperflüssigkeiten (Verhinderung der Gerinnung, Enteiweißung)

a) Verhinderung der Blutgerinnung[1]. Die Blutgerinnung, die nur bei der Berührung von Blut mit von ihm benetzbaren Körpern eintritt und auf der Abscheidung des (nur 0,1 bis 0,3% der Blutmenge ausmachenden) Fibrins beruht, liefert, wenn außerdem auch noch die Blutkörperchen (durch Schleudern) abgetrennt werden, das nicht mehr gerinnbare Serum. Es enthält noch Eiweißstoffe im Betrage von 7 bis 9% (Globuline und Albumine). Soll in der Blutflüssigkeit nach der Abtrennung der Blutkörperchen (Volumenanteil im Mittel 44%) auch noch das Fibrin enthalten sein, so muß die Gerinnung beim Schleudern verhindert werden. Zu diesem Zwecke fügt man dem Blute Stoffe zu, die den für die Gerinnung notwendigen Calciumgehalt des Blutes ausfällen (oder sonstwie binden). Man benutzt dazu Oxalate (K, Na, NH_4) in einer Konzentration von 1 Promille, Natriumfluorid (in einer Konzentration von 1,5 bis 3 Promille) oder Citrate (Natriumcitrat in einer Konzentration von 2 bis 3 Promille). Die aus dem ungerinnbar gemachten Blut durch Abtrennung der Blutkörperchen gewonnene Flüssigkeit heißt Plasma. Ihr Eiweißgehalt ist nur unwesentlich höher als der des Serums.

Durch Zugabe von Kalksalzen (einige Tropfen einer 10%igen Calciumchloridlösung genügen für einige ccm Blut) läßt sich die hindernde Wirkung der Zusätze wieder aufheben und die Blutgerinnung wieder ermöglichen. Diese Maßnahme beseitigt die bei der Einweißfällung aus nichtgerinnendem Blut (oder Plasma) etwa auftretenden Schwierigkeiten.

---

[1] Nach Landois-Rosemann, Lehrbuch der Physiologie, 20. Aufl. (Urban und Schwarzenberg, Berlin und Wien, 1932).

b) Eiweißfällung (Enteiweißung). Neben einer Reihe spezieller Methoden, bei denen als Fällungsmittel Alkohol (S. 129), Metaphosphorsäure (S. 123, 169), Trichloressigsäure (S. 142, 156, 170, 174, 183), Sulfosalicylsäure (S. 201), Pikrinsäure (S. 161, 188), Zinksulfat (S. 159), Uranylacetat (S. 148) oder Wolframat-Molybdatmischung (S. 189) benutzt werden, ist am meisten in Gebrauch die Methode der Wolframsäurefällung nach O. Folin und H. Wu [Journ. Biol. Chem. **38**, 81 (1919)].

Vollblut wird mit dem 7-fachen Volumen destilliertem Wasser verdünnt und mit je 1 Volumen einer 10%igen Lösung von Natriumwolframat ($Na_2WO_4 \cdot 2H_2O$) — 10 g Salz mit destilliertem Wasser zu 100 ccm gelöst — sowie $^2/_3$ n-Schwefelsäure (34 g konzentrierte Schwefelsäure mit destilliertem Wasser zu 1 Liter verdünnt) vermischt. Nach dem Durchschütteln und kurzem Stehenlassen kann man durch ein Faltenfilter (Schleicher und Schüll, Nr. 605 hart) klar filtrieren. Man erhält das „Wolframsäure-Blutfiltrat". Sein Volumen beträgt (bei 5 ccm Blut) etwa die Hälfte des Volumens der Mischung vor der Filtration. In ihm sind die gelöst gebliebenen Bestandteile des Blutes in etwa zehnfacher Verdünnung enthalten.

Plasma und Serum erhalten Zusätze von nur je $^1/_2$ Volumen der Fällungsreagentien bei einer Gesamtverdünnung auf ebenfalls das Zehnfache. Die Weiterbehandlung ist die gleiche wie beim Vollblut.

BUCHLITERATUR

F. Fretwurst und K. Maennchen, Photometrische Bestimmungen in der medizinischen Chemie mit dem Leifo-Photometer, Herausgeber Ernst Leitz, Wetzlar 937.

H. Freund, Leitfaden der kolorimetrischen Methoden für den Chemiker und Mediziner, Wetzlar 1928, Selbstverlag des Verfassers.

L. Heilmeyer, Medizinische Spektrophotometrie, Gustav Fischer, Jena 1933.

K. Hinsberg, Medizinisch-chemische Bestimmungsmethoden, I und II, Julius Springer, Berlin 1935/36.

W. Krebs, Klinische Kolorimetrie mit dem Pulfrich-Photometer (Zeiss-Druckschrift Mess 430 f), F. Volckmar (ohne Jahreszahl).

F. D. Snell and C. T. Snell, Colorimetric Methods of analysis, I and II, Chapman and Hall, London 1936.

C. Urbach, Stufenphotometrische Absorptionsbestimmungen in der medizinischen Chemie, Emil Haim & Co., Wien und Leipzig 1932.

C. Urbach, Stufenphotometrische Trinkwasseranalyse, ebenda, 1937.

J. H. Yoe, Photometric chemical analysis I, Wiley and Sons, New York 1928.

Carl Zeiss (Jena), Absolutkolorimetrische Metallanalysen mit dem Pulfrich-Photometer (Mess 430 u), Kommissions-Verlag G. Fischer, Jena (ohne Jahreszahl), Copyright 1938.

AUTORENREGISTER

SACHREGISTER

Vierziffrige Mantissen.

Proportionalteile

N.	0	1	2	3	4	5	6	7	8	9	1	2	3	4	5	6	7	8	9
10	0000	0043	0086	0128	0170	0212	0253	0294	0334	0374	4	8	12	17	21	25	29	33	37
11	0414	0453	0492	0531	0569	0607	0645	0682	0719	0755	4	8	11	15	19	23	27	30	34
12	0792	0828	0864	0899	0934	0969	1004	1038	1072	1106	3	7	10	14	17	21	24	28	31
13	1139	1173	1206	1239	1271	1303	1335	1367	1399	1430	3	6	10	13	16	19	23	26	29
14	1461	1492	1523	1553	1584	1614	1644	1673	1703	1732	3	6	9	12	15	18	21	24	27
15	1761	1790	1818	1847	1875	1903	1931	1959	1987	2014	3	6	8	11	14	17	20	22	25
16	2041	2068	2095	2122	2148	2175	2201	2227	2253	2279	3	5	8	11	13	16	18	21	24
17	2304	2330	2355	2380	2405	2430	2455	2480	2504	2529	2	5	7	10	12	15	17	20	22
18	2553	2577	2601	2625	2648	2672	2695	2718	2742	2765	2	5	7	9	12	14	16	19	21
19	2788	2810	2833	2856	2878	2900	2923	2945	2967	2989	2	4	7	9	11	13	16	18	20
20	3010	3032	3054	3075	3096	3118	3139	3160	3181	3201	2	4	6	8	11	13	15	17	19
21	3222	3243	3263	3284	3304	3324	3345	3365	3385	3404	2	4	6	8	10	12	14	16	18
22	3424	3444	3464	3483	3502	3522	3541	3560	3579	3598	2	4	6	8	10	12	14	15	17
23	3617	3636	3655	3674	3692	3711	3729	3747	3766	3784	2	4	6	7	9	11	13	15	17
24	3802	3820	3838	3856	3874	3892	3909	3927	3945	3962	2	4	5	7	9	11	12	14	16
25	3979	3997	4014	4031	4048	4065	4082	4099	4116	4133	2	3	5	7	9	10	12	14	15
26	4150	4166	4183	4200	4216	4232	4249	4265	4281	4298	2	3	5	7	8	10	11	13	15
27	4314	4330	4346	4362	4378	4393	4409	4425	4440	4456	2	3	5	6	8	9	11	13	14
28	4472	4487	4502	4518	4533	4548	4564	4579	4594	4609	2	3	5	6	8	9	11	12	14
29	4624	4639	4654	4669	4683	4698	4713	4728	4742	4757	1	3	4	6	7	9	10	12	13
30	4771	4786	4800	4814	4829	4843	4857	4871	4886	4900	1	3	4	6	7	9	10	11	13
31	4914	4928	4942	4955	4969	4983	4997	5011	5024	5038	1	3	4	6	7	8	10	11	12
32	5051	5065	5079	5092	5105	5119	5132	5145	5159	5172	1	3	4	5	7	8	9	11	12
33	5185	5198	5211	5224	5237	5250	5263	5276	5289	5302	1	3	4	5	6	8	9	10	12
34	5315	5328	5340	5353	5366	5378	5391	5403	5416	5428	1	3	4	5	6	8	9	10	11
35	5441	5453	5465	5478	5490	5502	5514	5527	5539	5551	1	2	4	5	6	7	9	10	11
36	5563	5575	5587	5599	5611	5623	5635	5647	5658	5670	1	2	4	5	6	7	8	10	11
37	5682	5694	5705	5717	5729	5740	5752	5763	5775	5786	1	2	3	5	6	7	8	9	10
38	5798	5809	5821	5832	5843	5855	5866	5877	5888	5899	1	2	3	5	6	7	8	9	10
39	5911	5922	5933	5944	5955	5966	5977	5988	5999	6010	1	2	3	4	5	7	8	9	10
40	6021	6031	6042	6053	6064	6075	6085	6096	6107	6117	1	2	3	4	5	6	8	9	10
41	6128	6138	6149	6160	6170	6180	6191	6201	6212	6222	1	2	3	4	5	6	7	8	9
42	6232	6243	6253	6263	6274	6284	6294	6304	6314	6325	1	2	3	4	5	6	7	8	9
43	6335	6345	6355	6365	6375	6385	6395	6405	6415	6425	1	2	3	4	5	6	7	8	9
44	6435	6444	6454	6464	6474	6484	6493	6503	6513	6522	1	2	3	4	5	6	7	8	9
45	6532	6542	6551	6561	6571	6580	6590	6599	6609	6618	1	2	3	4	5	6	7	8	9
46	6628	6637	6646	6656	6665	6675	6684	6693	6702	6712	1	2	3	4	5	6	7	7	8
47	6721	6730	6739	6749	6758	6767	6776	6785	6794	6803	1	2	3	4	5	5	6	7	8
48	6812	6821	6830	6839	6848	6857	6866	6875	6884	6893	1	2	3	4	4	5	6	7	8
49	6902	6911	6920	6928	6937	6946	6955	6964	6972	6981	1	2	3	4	4	5	6	7	8
50	6990	6998	7007	7016	7024	7033	7042	7050	7059	7067	1	2	3	3	4	5	6	7	8
51	7076	7084	7093	7101	7110	7118	7126	7135	7143	7152	1	2	3	3	4	5	6	7	8
52	7160	7168	7177	7185	7193	7202	7210	7218	7226	7235	1	2	2	3	4	5	6	7	7
53	7243	7251	7259	7267	7275	7284	7292	7300	7308	7316	1	2	2	3	4	5	6	6	7
54	7324	7332	7340	7348	7356	7364	7372	7380	7388	7396	1	2	2	3	4	5	6	6	7
55	7404	7412	7419	7427	7435	7443	7451	7459	7466	7474	1	2	2	3	4	5	5	6	7
56	7482	7490	7497	7505	7513	7520	7528	7536	7543	7551	1	2	2	3	4	5	5	6	7
57	7559	7566	7574	7582	7589	7597	7604	7612	7619	7627	1	2	2	3	4	5	5	6	7
58	7634	7642	7649	7657	7664	7672	7679	7686	7694	7701	1	1	2	3	4	4	5	6	7
59	7709	7716	7723	7731	7738	7745	7752	7760	7767	7774	1	1	2	3	4	4	5	6	7
60	7782	7789	7796	7803	7810	7818	7825	7832	7839	7846	1	1	2	3	4	4	5	6	6
N.	0	1	2	3	4	5	6	7	8	9	1	2	3	4	5	6	7	8	9

Walter de Gruyter & Co., Berlin W 35

N.	0	1	2	3	4	5	6	7	8	9	1	2	3	4	5	6	7	8	9
60	7782	7789	7796	7803	7810	7818	7825	7832	7839	7846	1	1	2	3	4	4	5	6	6
61	7853	7860	7868	7875	7882	7889	7896	7903	7910	7917	1	1	2	3	4	4	5	6	6
62	7924	7931	7938	7945	7952	7959	7966	7973	7980	7987	1	1	2	3	3	4	5	6	6
63	7993	8000	8007	8014	8021	8028	8035	8041	8048	8055	1	1	2	3	3	4	5	5	6
64	8062	8069	8075	8082	8089	8096	8102	8109	8116	8122	1	1	2	3	3	4	5	5	6
65	8129	8136	8142	8149	8156	8162	8169	8176	8182	8189	1	1	2	3	3	4	5	5	6
66	8195	8202	8209	8215	8222	8228	8235	8241	8248	8254	1	1	2	3	3	4	5	5	6
67	8261	8267	8274	8280	8287	8293	8299	8306	8312	8319	1	1	2	3	3	4	5	5	6
68	8325	8331	8338	8344	8351	8357	8363	8370	8376	8382	1	1	2	3	3	4	4	5	6
69	8388	8395	8401	8407	8414	8420	8426	8432	8439	8445	1	1	2	2	3	4	4	5	6
70	8451	8457	8463	8470	8476	8482	8488	8494	8500	8506	1	1	2	2	3	4	4	5	6
71	8513	8519	8525	8531	8537	8543	8549	8555	8561	8567	1	1	2	2	3	4	4	5	5
72	8573	8579	8585	8591	8597	8603	8609	8615	8621	8627	1	1	2	2	3	4	4	5	5
73	8633	8639	8645	8651	8657	8663	8669	8675	8681	8686	1	1	2	2	3	4	4	5	5
74	8692	8698	8704	8710	8716	8722	8727	8733	8739	8745	1	1	2	2	3	4	4	5	5
75	8751	8756	8762	8768	8774	8779	8785	8791	8797	8802	1	1	2	2	3	3	4	5	5
76	8808	8814	8820	8825	8831	8837	8842	8848	8854	8859	1	1	2	2	3	3	4	5	5
77	8865	8871	8876	8882	8887	8893	8899	8904	8910	8915	1	1	2	2	3	3	4	4	5
78	8921	8927	8932	8938	8943	8949	8954	8960	8965	8971	1	1	2	2	3	3	4	4	5
79	8976	8982	8987	8993	8998	9004	9009	9015	9020	9025	1	1	2	2	3	3	4	4	5
80	9031	9036	9042	9047	9053	9058	9063	9069	9074	9079	1	1	2	2	3	3	4	4	5
81	9085	9090	9096	9101	9106	9112	9117	9122	9128	9133	1	1	2	2	3	3	4	4	5
82	9138	9143	9149	9154	9159	9165	9170	9175	9180	9186	1	1	2	2	3	3	4	4	5
83	9191	9196	9201	9206	9212	9217	9222	9227	9232	9238	1	1	2	2	3	3	4	4	5
84	9243	9248	9253	9258	9263	9269	9274	9279	9284	9289	1	1	2	2	3	3	4	4	5
85	9294	9299	9304	9309	9315	9320	9325	9330	9335	9340	1	1	2	2	3	3	4	4	5
86	9345	9350	9355	9360	9365	9370	9375	9380	9385	9390	1	1	2	2	3	3	4	4	5
87	9395	9400	9405	9410	9415	9420	9425	9430	9435	9440	0	1	1	2	2	3	3	4	4
88	9445	9450	9455	9460	9465	9469	9474	9479	9484	9489	0	1	1	2	2	3	3	4	4
89	9494	9499	9504	9509	9513	9518	9523	9528	9533	9538	0	1	1	2	2	3	3	4	4
90	9542	9547	9552	9557	9562	9566	9571	9576	9581	9586	0	1	1	2	2	3	3	4	4
91	9590	9595	9600	9605	9609	9614	9619	9624	9628	9633	0	1	1	2	2	3	3	4	4
92	9638	9643	9647	9652	9657	9661	9666	9671	9675	9680	0	1	1	2	2	3	3	4	4
93	9685	9689	9694	9699	9703	9708	9713	9717	9722	9727	0	1	1	2	2	3	3	4	4
94	9731	9736	9741	9745	9750	9754	9759	9763	9768	9773	0	1	1	2	2	3	3	4	4
95	9777	9782	9786	9791	9795	9800	9805	9809	9814	9818	0	1	1	2	2	3	3	4	4
96	9823	9827	9832	9836	9841	9845	9850	9854	9859	9863	0	1	1	2	2	3	3	4	4
97	9868	9872	9877	9881	9886	9890	9894	9899	9903	9908	0	1	1	2	2	3	3	4	4
98	9912	9917	9921	9926	9930	9934	9939	9943	9948	9952	0	1	1	2	2	3	3	4	4
99	9956	9961	9965	9969	9974	9978	9983	9987	9991	9996	0	1	1	2	2	3	3	3	4
100	00000	00043	00087	00130	00173	00217	00260	00303	00346	00389	4	9	13	17	22	26	30	35	39
101	00432	00475	00518	00561	00604	00647	00689	00732	00775	00817	4	9	13	17	22	26	30	34	39
102	00860	00903	00945	00988	01030	01072	01115	01157	01199	01242	4	8	13	17	21	25	30	34	38
103	01284	01326	01368	01410	01452	01494	01536	01578	01620	01662	4	8	13	17	21	25	29	34	38
104	01703	01745	01787	01828	01870	01912	01953	01995	02036	02078	4	8	12	17	21	25	29	33	37
105	02119	02160	02202	02243	02284	02325	02366	02407	02449	02490	4	8	12	16	21	25	29	33	37
106	02531	02572	02612	02653	02694	02735	02776	02816	02857	02898	4	8	12	16	20	24	28	32	36
107	02938	02979	03019	03060	03100	03141	03181	03222	03262	03302	4	8	12	16	20	24	28	32	36
108	03342	03383	03423	03463	03503	03543	03583	03623	03663	03703	4	8	12	16	20	24	28	32	36
109	03743	03782	03822	03862	03902	03941	03981	04021	04060	04100	4	8	12	16	20	24	28	31	36
110	04139	04179	04218	04258	04297	04336	04376	04415	04454	04493	4	8	12	16	20	24	28	31	36
N.	0	1	2	3	4	5	6	7	8	9	1	2	3	4	5	6	7	8	9

Antilogarithmen.

lg	0	1	2	3	4	5	6	7	8	9	1	2	3	4	5	6	7	8	9
											Proportionalteile								
·00	1000	1002	1005	1007	1009	1012	1014	1016	1019	1021	0	0	1	1	1	1	2	2	2
·01	1023	1026	1028	1030	1033	1035	1038	1040	1042	1045	0	0	1	1	1	1	2	2	2
·02	1047	1050	1052	1054	1057	1059	1062	1064	1067	1069	0	0	1	1	1	1	2	2	2
·03	1072	1074	1076	1079	1081	1084	1086	1089	1091	1094	0	0	1	1	1	1	2	2	2
·04	1096	1099	1102	1104	1107	1109	1112	1114	1117	1119	0	1	1	1	1	2	2	2	2
·05	1122	1125	1127	1130	1132	1135	1138	1140	1143	1146	0	1	1	1	1	2	2	2	2
·06	1148	1151	1153	1156	1159	1161	1164	1167	1169	1172	0	1	1	1	1	2	2	2	2
·07	1175	1178	1180	1183	1186	1189	1191	1194	1197	1199	0	1	1	1	1	2	2	2	2
·08	1202	1205	1208	1211	1213	1216	1219	1222	1225	1227	0	1	1	1	1	2	2	2	3
·09	1230	1233	1236	1239	1242	1245	1247	1250	1253	1256	0	1	1	1	1	2	2	2	3
·10	1259	1262	1265	1268	1271	1274	1276	1279	1282	1285	0	1	1	1	1	2	2	2	3
·11	1288	1291	1294	1297	1300	1303	1306	1309	1312	1315	0	1	1	1	2	2	2	2	3
·12	1318	1321	1324	1327	1330	1334	1337	1340	1343	1346	0	1	1	1	2	2	2	2	3
·13	1349	1352	1355	1358	1361	1365	1368	1371	1374	1377	0	1	1	1	2	2	2	3	3
·14	1380	1384	1387	1390	1393	1396	1400	1403	1406	1409	0	1	1	1	2	2	2	3	3
·15	1413	1416	1419	1422	1426	1429	1432	1435	1439	1442	0	1	1	1	2	2	2	3	3
·16	1445	1449	1452	1455	1459	1462	1466	1469	1472	1476	0	1	1	1	2	2	2	3	3
·17	1479	1483	1486	1489	1493	1496	1500	1503	1507	1510	0	1	1	1	2	2	2	3	3
·18	1514	1517	1521	1524	1528	1531	1535	1538	1542	1545	0	1	1	1	2	2	2	3	3
·19	1549	1552	1556	1560	1563	1567	1570	1574	1578	1581	0	1	1	1	2	2	3	3	3
·20	1585	1589	1592	1596	1600	1603	1607	1611	1614	1618	0	1	1	1	2	2	3	3	3
·21	1622	1626	1629	1633	1637	1641	1644	1648	1652	1656	0	1	1	2	2	2	3	3	3
·22	1660	1663	1667	1671	1675	1679	1683	1687	1690	1694	0	1	1	2	2	2	3	3	3
·23	1698	1702	1706	1710	1714	1718	1722	1726	1730	1734	0	1	1	2	2	2	3	3	4
·24	1738	1742	1746	1750	1754	1758	1762	1766	1770	1774	0	1	1	2	2	2	3	3	4
·25	1778	1782	1786	1791	1795	1799	1803	1807	1811	1816	0	1	1	2	2	2	3	3	4
·26	1820	1824	1828	1832	1837	1841	1845	1849	1854	1858	0	1	1	2	2	3	3	3	4
·27	1862	1866	1871	1875	1879	1884	1888	1892	1897	1901	0	1	1	2	2	3	3	3	4
·28	1905	1910	1914	1919	1923	1928	1932	1936	1941	1945	0	1	1	2	2	3	3	4	4
·29	1950	1954	1959	1963	1968	1972	1977	1982	1986	1991	0	1	1	2	2	3	3	4	4
·30	1995	2000	2004	2009	2014	2018	2023	2028	2032	2037	0	1	1	2	2	3	3	4	4
·31	2042	2046	2051	2056	2061	2065	2070	2075	2080	2084	0	1	1	2	2	3	3	4	4
·32	2089	2094	2099	2104	2109	2113	2118	2123	2128	2133	0	1	1	2	2	3	3	4	4
·33	2138	2143	2148	2153	2158	2163	2168	2173	2178	2183	0	1	1	2	2	3	3	4	4
·34	2188	2193	2198	2203	2208	2213	2218	2223	2228	2234	1	1	2	2	3	3	4	4	5
·35	2239	2244	2249	2254	2259	2265	2270	2275	2280	2286	1	1	2	2	3	3	4	4	5
·36	2291	2296	2301	2307	2312	2317	2323	2328	2333	2339	1	1	2	2	3	3	4	4	5
·37	2344	2350	2355	2360	2366	2371	2377	2382	2388	2393	1	1	2	2	3	3	4	4	5
·38	2399	2404	2410	2415	2421	2427	2432	2438	2443	2449	1	1	2	2	3	3	4	4	5
·39	2455	2460	2466	2472	2477	2483	2489	2495	2500	2506	1	1	2	2	3	3	4	5	5
·40	2512	2518	2523	2529	2535	2541	2547	2553	2559	2564	1	1	2	2	3	4	4	5	5
·41	2570	2576	2582	2588	2594	2600	2606	2612	2618	2624	1	1	2	2	3	4	4	5	5
·42	2630	2636	2642	2649	2655	2661	2667	2673	2679	2685	1	1	2	2	3	4	4	5	6
·43	2692	2698	2704	2710	2716	2723	2729	2735	2742	2748	1	1	2	3	3	4	4	5	6
·44	2754	2761	2767	2773	2780	2786	2793	2799	2805	2812	1	1	2	3	3	4	4	5	6
·45	2818	2825	2831	2838	2844	2851	2858	2864	2871	2877	1	1	2	3	3	4	5	5	6
·46	2884	2891	2897	2904	2911	2917	2924	2931	2938	2944	1	1	2	3	3	4	5	5	6
·47	2951	2958	2965	2972	2979	2985	2992	2999	3006	3013	1	1	2	3	3	4	5	5	6
·48	3020	3027	3034	3041	3048	3055	3062	3069	3076	3083	1	1	2	3	4	4	5	6	6
·49	3090	3097	3105	3112	3119	3126	3133	3141	3148	3155	1	1	2	3	4	4	5	6	6
	0	1	2	3	4	5	6	7	8	9	1	2	3	4	5	6	7	8	9

lg	0	1	2	3	4	5	6	7	8	9	1	2	3	4	5	6	7	8	9
·50	3162	3170	3177	3184	3192	3199	3206	3214	3221	3228	1	1	2	3	4	4	5	6	7
·51	3236	3243	3251	3258	3266	3273	3281	3289	3296	3304	1	2	2	3	4	5	5	6	7
·52	3311	3319	3327	3334	3342	3350	3357	3365	3373	3381	1	2	2	3	4	5	5	6	7
·53	3388	3396	3404	3412	3420	3428	3436	3443	3451	3459	1	2	2	3	4	5	6	6	7
·54	3467	3475	3483	3491	3499	3508	3516	3524	3532	3540	1	2	2	3	4	5	6	6	7
·55	3548	3556	3565	3573	3581	3589	3597	3606	3614	3622	1	2	2	3	4	5	6	7	7
·56	3631	3639	3648	3656	3664	3673	3681	3690	3698	3707	1	2	3	3	4	5	6	7	8
·57	3715	3724	3733	3741	3750	3758	3767	3776	3784	3793	1	2	3	3	4	5	6	7	8
·58	3802	3811	3819	3828	3837	3846	3855	3864	3873	3882	1	2	3	4	4	5	6	7	8
·59	3890	3899	3908	3917	3926	3936	3945	3954	3963	3972	1	2	3	4	5	5	6	7	8
·60	3981	3990	3999	4009	4018	4027	4036	4046	4055	4064	1	2	3	4	5	6	6	7	8
·61	4074	4083	4093	4102	4111	4121	4130	4140	4150	4159	1	2	3	4	5	6	7	8	9
·62	4169	4178	4188	4198	4207	4217	4227	4236	4246	4256	1	2	3	4	5	6	7	8	9
·63	4266	4276	4285	4295	4305	4315	4325	4335	4345	4355	1	2	3	4	5	6	7	8	9
·64	4365	4375	4385	4395	4406	4416	4426	4436	4446	4457	1	2	3	4	5	6	7	8	9
·65	4467	4477	4487	4498	4508	4519	4529	4539	4550	4560	1	2	3	4	5	6	7	8	9
·66	4571	4581	4592	4603	4613	4624	4634	4645	4656	4667	1	2	3	4	5	6	7	9	10
·67	4677	4688	4699	4710	4721	4732	4742	4753	4764	4775	1	2	3	4	5	7	8	9	10
·68	4786	4797	4808	4819	4831	4842	4853	4864	4875	4887	1	2	3	4	6	7	8	9	10
·69	4898	4909	4920	4932	4943	4955	4966	4977	4989	5000	1	2	3	5	6	7	8	9	10
·70	5012	5023	5035	5047	5058	5070	5082	5093	5105	5117	1	2	4	5	6	7	8	9	11
·71	5129	5140	5152	5164	5176	5188	5200	5212	5224	5236	1	2	4	5	6	7	8	10	11
·72	5248	5260	5272	5284	5297	5309	5321	5333	5346	5358	1	2	4	5	6	7	9	10	11
·73	5370	5383	5395	5408	5420	5433	5445	5458	5470	5483	1	3	4	5	6	8	9	10	11
·74	5495	5508	5521	5534	5546	5559	5572	5585	5598	5610	1	3	4	5	6	8	9	10	12
·75	5623	5636	5649	5662	5675	5689	5702	5715	5728	5741	1	3	4	5	7	8	9	10	12
·76	5754	5768	5781	5794	5808	5821	5834	5848	5861	5875	1	3	4	5	7	8	9	11	12
·77	5888	5902	5916	5929	5943	5957	5970	5984	5998	6012	1	3	4	5	7	8	10	11	12
·78	6026	6039	6053	6067	6081	6095	6109	6124	6138	6152	1	3	4	6	7	8	10	11	13
·79	6166	6180	6194	6209	6223	6237	6252	6266	6281	6295	1	3	4	6	7	9	10	11	13
·80	6310	6324	6339	6353	6368	6383	6397	6412	6427	6442	1	3	4	6	7	9	10	12	13
·81	6457	6471	6486	6501	6516	6531	6546	6561	6577	6592	2	3	5	6	8	9	11	12	14
·82	6607	6622	6637	6653	6668	6683	6699	6714	6730	6745	2	3	5	6	8	9	11	12	14
·83	6761	6776	6792	6808	6823	6839	6855	6871	6887	6902	2	3	5	6	8	9	11	13	14
·84	6918	6934	6950	6966	6982	6998	7015	7031	7047	7063	2	3	5	6	8	10	11	13	15
·85	7079	7096	7112	7129	7145	7161	7178	7194	7211	7228	2	3	5	7	8	10	12	13	15
·86	7244	7261	7278	7295	7311	7328	7345	7362	7379	7396	2	3	5	7	8	10	12	13	15
·87	7413	7430	7447	7464	7482	7499	7516	7534	7551	7568	2	3	5	7	9	10	12	14	16
·88	7586	7603	7621	7638	7656	7674	7691	7709	7727	7745	2	4	5	7	9	11	12	14	16
·89	7762	7780	7798	7816	7834	7852	7870	7889	7907	7925	2	4	5	7	9	11	13	14	16
·90	7943	7962	7980	7998	8017	8035	8054	8072	8091	8110	2	4	6	7	9	11	13	15	17
·91	8128	8147	8166	8185	8204	8222	8241	8260	8279	8299	2	4	6	8	9	11	13	15	17
·92	8318	8337	8356	8375	8395	8414	8433	8453	8472	8492	2	4	6	8	10	12	14	15	17
·93	8511	8531	8551	8570	8590	8610	8630	8650	8670	8690	2	4	6	8	10	12	14	16	18
·94	8710	8730	8750	8770	8790	8810	8831	8851	8872	8892	2	4	6	8	10	12	14	16	18
·95	8913	8933	8954	8974	8995	9016	9036	9057	9078	9099	2	4	6	8	10	12	15	17	19
·96	9120	9141	9162	9183	9204	9226	9247	9268	9290	9311	2	4	6	8	11	13	15	17	19
·97	9333	9354	9376	9397	9419	9441	9462	9484	9506	9528	2	4	7	9	11	13	15	17	20
·98	9550	9572	9594	9616	9638	9661	9683	9705	9727	9750	2	4	7	9	11	13	16	18	20
·99	9772	9795	9817	9840	9863	9886	9908	9931	9954	9977	2	5	7	9	11	14	16	18	20
	0	1	2	3	4	5	6	7	8	9	1	2	3	4	5	6	7	8	9

MIX
Papier | Fördert gute Waldnutzung
FSC® C083411

Zeitfracht Medien GmbH
Ferdinand-Jühlke-Straße 7
99095 Erfurt, Deutschland
produktsicherheit@kolibri360.de